Note communiqué par Mr. Pillet et
extraite des ... aux marges
De Barlier.

« Cet ouvrage a été réimprimé (on peut
« contrefait à Berne) ...

La première édition qui est de 1769,
est intitulée : la Logonotomie, ou l'art
d'apprendre à ... soi-même.

pa

V. 2717.
B.

25592

L'ART
DU
BARBIER,
ET LA
MANIÈRE
DE SE RASER SOI - MÊME,
ET DE
CONNOITRE LES INSTRUMENTS.

Suivi

d'un nouveau Traité fur la Saignée.

Avec figures.

A BERNE,

Chez la NOUVELLE SOCIÉTÉ TYPOGRAPHIQUE,

1791.

LA
POGONOTOMIE,

OU

L'ART D'APPRENDRE
à se raser soi-même

CHAPITRE PREMIER.

Des Pierres à Rasoirs & de leurs diffé-
rentes qualités.

Toutes sortes de pierres ne sont
point propres au tranchant du rasoir;
celles du Levant, par exemple, ont les
pores trop gros, & font des dents insupportables aux premiers coup de rasoir sur

le visage. Les pierres verdâtres que l'on apporte d'Espagne, de même que celles qui se trouvent en Lorraine, ainsi qu'une autre espece, qui est noire & qui vient d'Angleterre, ont à peu de chose près le même grain ; les pores en sont trop serrés, elles sont absolument trop douces, & sont couper durement.

Les pierres seules, propres à la perfection du tranchant du rasoir, sont celles qui portent le nom même de *Pierres à Rasoir*. Elles se trouvent dans des carrieres, auprès de Liége, & sur le bord de la Meuse, seules carrieres de cette espece, connues en Europe : ces pierres sont ordinairement blanches : les unes sont d'un blanc de lait, & les autres un peu plus jaunâtres ; ces dernieres sont de l'ancienne roche. Grand nombre de ces pierres sont tachetées de noir ; d'autres ont des veines noires, qui serpentent sur le blanc ; en général, il s'en trouve de mauvaises dans les blanches comme dans les marbrées. Mais celles qui sont d'un beau blanc de lait, qui paroissent toutes fendues & prêtes à casser, se trouvent rarement mauvaises ; aussi sont-elles les plus rares ; on les nomme *Pier-* *res de la Venette*. Elles ne fe trouvent quelquefois mauvaifes, que parce qu'il s'y rencontre de petits caillous en grains très-durs, & même des grains de fer ; ce qui eft abfolument nuifible, parce que l'on ne peut pas affiler un rafoir fans l'ébrécher, fur-tout quand le grain fe trouve fur un endroit de la pier- re, que l'on ne peut pas éviter en repaf- fant le rafoir.

Il faut avoir une longue habitude, pour acquérir une grande connoiffance dans ces pierres ; afin d'être en état de diftinguer du premier coup d'œil, les bonnes pierres d'avec les mauvaifes & les médiocres ; mais le plus fûr, dans ce cas, eft d'en venir à l'effai, en affi- lant à plufieurs reprife quelques rafoirs deffus. Le feul moyen que l'on puiffe indiquer, eft de choifir un grain uni, dont les pores ne foient point trop gros, ni trop ouverts, parce qu'alors la pier- re eft trop tendre ; & au contraire, un grain trop ferré, qu'une pointe d'épin- gle de cuivre, auroit beaucoup de pei- ne à marquer, feroit trop dur. Il faut, par conséquent, un milieu entre ces deux extrémités, c'est-à-dire un grain ni trop serré ni trop ouvert, sur lequel l'épingle puisse mordre, sans une grande résistance.

On connoît si la pierre est raboteuse, en passant l'ongle du pouce par dessus, & en appuyant légérement; par cette épreuve, on sent si elle est glaveleuse, parce que l'ongle marchera irréguliérement. Il glissera sur le dur, & sur le tendre, il prendra la marche grave. Pour avoir une bonne pierre, il faut que le frottement de l'ongle soit égal, & sentir qu'elle mange l'ongle en douceur.

Cette espece de pierre est ordinairement moitié blanche (plus ou moins) & moitié noire (1); très-rarement le noir est bon à affiler; il est trop dur, ou trop tendre; il semble même que cette pierre soit de deux natures, tant le

____

(1) Celle où il ne se trouve point de noir, n'en ont pas moins eu pour cela; mais il arrive quelque fois que l'épaisseur du blanc se trouvant suffisante, on mange tout le noir en dressant la pierre.

noir diffère du blanc. Cependant les taches noires, qui fe trouvent parfemées
fur le blanc, ne diffèrent point de la
bonté ni de la qualité du blanc même.
Ces pierres ne font plus d'aucun ufage
lorfque tout le blanc eft emporté, &
qu'il n'y refte plus que du noir.

Beaucop de perfonnes faifa nt l'acqui-
fition d'une pierre, demandent fur-tout
qu'elles foient te ndres ; elles ignorent
apparemment que celle qui eft trop tendre eft plus nuifible que celle qui eft
trop dure ; particuliérement pour un
bourgeois, en voici la raifon.

La pierre trop tendre a les pores gros
& ouverts, ce qui, en affilant, forme
au tranchant des dents très-groffes, &
vifibles même au microfcope, comme
celles d'une fcie à fcier du cuivre. Il eft
prouvé que tels tranchans ne peuvent
jamais bien rafer fans faire fouffrir ; parce que tandis que la pointe de la dent
coupe un poil, le creux d'entre deux
dents en arrache un autre ; qu'elle fouf-
france ! la pierre dure eft par conféquent
préférable ; fon feul défaut eft de deman-
der plus de tems pour affiler un rafoir, &

lui faire un bon tranchant ; ce qui , cependant , ne va pas à plus de cinq à six minutes de plus que l'on ne mettroit à repasser sur une pierre parfaite.

L'huile d'olive est la meilleure, pour affiler ; faute de celle-ci, l'huile de noix peut aussi servir. Mais si l'on n'avoit point d'huile , on pourroit employer l'eau claire ; & particuliérement , si la pierre est un peu dure ; il faut faire attention que l'eau dilate les pores de la pierre beaucoup mieux que ne fait l'huile ; car en ce cas, elle fait des dents un peu trop grosses, ce qui fait que le tranchant coupe rudement. On peut obvier à cette imperfection , en affilant légérement, sur-tout aux derniers coups de pierre ; il faut aussi passer le rasoir sur le cuir, un peu plus fort , ou plus long-tems ; par ce moyen on ne manquera pas d'être bien rasé , quoique privé d'huile d'olive , ce qui est cependant le plus nécessaire pour faire de bons tranchant aux rasoirs.

Après s'être servi d'une pierre , il faut avoir soin de l'essuyer , parce que l'huile séjournant sept à huit jours , y forme une espece de gomme, sur laquelle le rasoir ne fait que glisser. Pour y remédier, ce qui est absolument nécessaire, il faut prendre un morceau de pierre de ponce, & y faire une face plane avec une lime, ou la frotter sur une pierre de taille ou sur un grais; il faut ensuite en frotter la pierre à rasoir, en y jettant de tems en tems de l'eau claire, ou en les trempant toutes les deux dans l'eau. Pour faire, enfin, cette opération réguliere, il faut frotter toute la longueur de la pierre, d'un bout jusqu'à l'autre, dix à douze fois, tant en allant qu'en revenant; alors elle se dégraissera, & reprendra sa premiere vigueur.

On fait la même chose lorsque la pierre est un peu usée, soit par le long service, soit par des moulieres (2) qui se trouvent naturellement dans la pierre, soit enfin parce qu'on ne conduit pas réguliérement le rasoir en l'affilant, appuyant plus d'un côté que de l'autre; la pierre, par con-

---

(2) Terme de l'art, qui veut dire des endroits mols entre des durs.

féquent, se mange plus dans un endroit que dans l'autre. Alors il faut prendre la pierre de ponce avec de l'eau, & en frotter la pierre à rasoir, jusqu'à ce qu'elle soit unie ; c'est là l'unique moyen pour la remettre en bon état. Mais si la pierre à rasoir est d'un grain ouvert & tendre, ou que la pierre de ponce ait les pores trop gros, les traits que cette derniere pierre fait sur l'autre, sont trop sensibles ; alors il faut avoir un autre morceau de pierre à rasoir, toujours à l'eau, & les frotter ensemble, comme il est dit ci-dessus pour la pierre de ponce. L'on ne peut être assuré que la pierre à rasoir est en bon état, que lorsque celle de ponce & l'autre morceau ont uni toute la surface, & ne laissent voir à l'œil aucune inégalité, & au toucher du doigt, aucune onde ni aucun trait.

Il est nécessaire que les pierres à rasoirs soient enchassées dans du bois, parce qu'elles ne peuvent point soutenir la chûte de deux pieds de haut sans se casser. La châsse, étant faite juste pour la pierre, la préserve des suites de ces accidens fâcheux, & qui sont assez fréquens. Voyez la figure 1. de la premiere planche, qui la repréfente enchâffée.

Cette efpece de pierre n'eft pas uniquement propre au tranchant du rafoir; on peut encore très-bien s'en fervir pour beaucoup d'autres, comme biftouris, fcalpels, coupe-cors, canifs, grattoirs, & tous autres tranchans de femblables efpeces, ou à peu près.

CHAPITRE II.

Du tranchant du rafoir, & de l'art de l'affiler ou repaffer fur la pierre.

LE tranchant le plus délicat & le plus difficile, eft, fans doute, celui de la lancette, il y a néanmoins beaucoup de précautions à prendre, pour porter celui du rafoir à fa perfection; parce que fon opération, fans être ni auffi délicate, ni à beaucoup près fi précieufe, eft plus difficile, éprouvant bien plus de difficulté. Il fuffit, par exemple, qu'une lancette foit bonne & bien repaffée,

pour être en état de faigner toutes fortes de perfonnes [3] ; mais un rafoir
fera parfait pour une forte barbe, &
ne pourra pas couper les poils fins d'une
jeune : de même que celui fera bon pour
une jeune & fine barbe, ne pourra
point l'être pour une forte.

On répondra, peut-être, qu'il y a
des rafoirs fi excellens, qu'ils rafent également les barbes fortes & les fines ;
j'en conviens ; mais en voici la raifon :
c'eft que le tranchant de ces bons rafoirs n'eft ni gros ni fin, & tiennent le
milieu entre les deux. Il eft certain que
tous les rafoirs qui feroient à ce degré,
opéreroient très-bien fur toutes fortes de
barbes ; mais d'où-vient au rafoir cette
perfection ? Du coup de pierre, c'eft-à-
dire, de l'affilage, après qu'il a été bien
repaffé fur la meule, (en fuppofant,
toutefois, l'inftrument bon & bien fait).

------

[3] Abftraction faite de la forme de la pointe à grains d'orge, d'avoine ou piramidal ; mais
cette différence ne confifte que dans la méthode
de faigner qu'ont les Chirurgiens, & non pas
dans la fineffe de la pointe, ni du tranchant.

Le rasoir trop gros, ou repassé trop long-tems sur la pierre, ne va jamais bien sur une barbe fine, en ce que le biseau qu'a fait la pierre sur le bord du tranchant, est trop fort ; ce tranchant étant plus court, est moins vif à la coupe : que l'on applique ce rasoir sur la barbe fine, on verra que le poil pliant à son approche, se couche sur la peau, & le rasoir alors, passe par dessus le poil, au lieu de le couper.

Le tranchant trop fin sur une barbe forte, n'a pas un meilleur succès, en ce que le poil étant plus fort & plus robuste, le tranchant fin qui n'est pas assez grossi sur la pierre, s'ébreche & se met en scie, s'il est bon ; car s'il est mou, il se plie ou se renverse. Ces deux sortes de tranchans arrachent le poil plutôt que de le couper ; ainsi cette regle doit être généralement reçue, qu'il faut un tranchant fin pour une jeune & fine barbe, & plus gros pour une forte.

L'opération du rasoir a bien des obstacles à surmonter pour bien raser, il fait sur le poil, ce que fait la faux sur le bled (ce qu'on appelle faucher) ; mais l'avantage de l'un est bien plus grand que celui de l'autre, parce que l'épi se trouvant au sommet de la paille, fait un contrepoids réel ; de façon qu'en appliquant la faux à cinq ou six pouces de terre, l'épi se trouvant à vingt-quatre ou trente pouces plus haut ; il se fait par la colonne d'air, un contrepoids suffisant, en opposition à la faux, ce qui facilite beaucoup l'opération [4].

---

(4) Il est visible que ce contrepoids est d'un grand secours pour le faucheur, puisqu'en appliquant l'instrument au bas de la paille & portant le coup, l'air s'oppose & fait coucher l'épi sur le plat, du côté du dos de la faux. On ne peut pas attribuer cet effet à la bonté de l'acier, ni à la qualité du bon tranchant de l'instrument, puisqu'il est différent, & suit l'usage ou le caprice des Faucheurs. Dans quelques pays, ces ouvriers sont munis d'un marteau à deux panes, & d'un petit tabs ; ils s'asseyent par terre, & plantent ce dernier dans un trou, entre leurs jambes, à coups de marteau ; sur le tranchant de la faux, ils l'amincissent au point que la simple habitude leur indique.

En d'autres endroits, les Taillandiers font

Mais le rafoir n'a pas cet avantage ; les reſſources ne ſont pas les mêmes, ni à beaucoup près auſſi avantageuſes : les poils ſont courts, & privés d'un con- trepoids à leur ſommet, ce qui rend l'opération de l'inſtrument plus difficile que celle de la faux, & beaucoup plus ſuſceptible d'imperfeȼtions ; il s'y trouve même plus de difficultés à ſurmonter que dans l'opération de la lancette.

Le tranchant de la lancette eſt infini- ment plus doux que celui du rafoir, par- ce qu'il le faut ainſi pour bien ſaigner, c'eſt-à-dire, pour faire la ponȼtion & l'élévation avec douceur, & ſans déchi-

---

les tranchans des faux & des faucilles, tail- lées au ciſeau comme une lime, & dont les dents ſont auſſi fortes que celles d'une lime bâtarde. Enfin, ailleurs, on fait le tranchant à la meule comme un couteau ; c'eſt bien le meilleur, & celui qui fatigue le moins le Faucheur, parce que celui-ci coupe net, au lieu que les deux autres ne font que ha- cher : mais il faudroit que les Taillandiers fiſſent un tranchant plus fin qu'ils ne ſont ; celui qui conviendroit le mieux, c'eſt le tran- chant du canif.

remens : mais cette extrême douceur de pointe & de tranchant ne provient pas de la seule bonté de l'acier, quoique nous choisissions toujours le meilleur, le plus fin, & sur-tout le plus net, mais encore du coup de pierre; car c'est ce qui contribue le plus à cette extrême douceur, & celle qui lui est propre, est une pierre verte.

D'après cet exposé, ne seroit-on pas tenté de croire qu'un rasoir qui seroit affilé à tous égards sur les mêmes especes de pierres, & dont le tranchant seroit aussi doux que celui de la lancette, raseroit bien plus légérement, & beaucoup mieux ? A ce sujet, je puis répondre affirmativement que non; parce qu'un tranchant de rasoir si doux, passe par dessus le poil sans le couper, ou s'il en coupe quelqu'un, il le fait si rudement qu'il semble qu'on l'arrache : en voici la raison : il faut des dents au tranchant du rasoir, parce que son action n'est pas de couper ni de hacher, mais de faucher; or, la grande difficulté est de faire ces dents sur la pierre d'une parfaite régularité, ce qui n'est cependant pas impossible.

Un bon rasoir est un instrument rare ,
disent bien des personnes ; mais cette
rareté ne provient très-souvent que parce que l'on ne sait pas le repasser soi-
même sur la pierre & sur le cuir, ni
lui donner un degré de tranchant pro-
portionné à la barbe. Je ne prétends pas
pour cela , qu'il n'y en ait point de
mauvais ; bien au contraire , j'avoue
qu'il y en a trente mauvais pour quatre bons [5].

---

[5] Cet instrument est très-difficile à faire
bon, parce qu'il est sujet (comme bien d'autres ouvrages délicats & de peu d'apparence)
à n'être pas payé sa valeur. Il exige une extrême attention depuis le commencement
jusqu'à la fin ; car il ne suffit pas d'avoir de
bon acier, il faut encore un bon ouvrier &
scrupuleux Forgeron, parce que l'acier sur-
chauffé perd une vigueur à la coupe qu'il ne
peut plus retrouver. Si le meilleur acier du
monde & parfaitement forgé, n'est pas trempé
avec une grande attention, & une connois-
sance exacte de la qualité de la matiere, afin
de lui donner le degré de chaleur qui lui convient à la trempe, il ne pourra jamais faire
un bon rasoir; de plus, s'il est bien forgé,
bien trempé, & qu'il soit manqué au recuit,

Voici les qualités requifes dans un bon rafoir : 1°. il faut qu'il foit de bon acier,
2°. qu'il

---

il perd abfolument fes bonnes qualités, parce qu'on très-petit inftant le fait paffer de la couleur de paille (qu'il lui faut) à la couleur d'or ; ce qui lui fait perdre une dureté fi effentielle, que loin de le rendre propre à faire vingt-cinq ou trente barbes fans le repaffer fur la pierre, ne fera pas en état d'en faire plus de deux ou trois. S'il paffe la couleur d'or, & qu'il devienne bleu, ou feulement violet, il fera totalement manqué, & jamais il ne pourra bien faire une barbe, parce que le feul frottement du tranchant fur la peau, lui fait renverfer, de l'autre côté, les pointes des dents. Si, dans la crainte de lui donner trop de recuit, on ne lui en donne pas affez, le mal eft auffi grand, parce qu'on a beaucoup de peine à faire le tranchant fur la meule, & fuppofons encore qu'il puiffe fe faire ; lorfque l'on veut s'en fervir pour rafer une barbe un peu forte, les dents du tranchant fe caffent, ce qui forme des bréches en quantité, à la vérité fi petites, qu'on ne peut les diftinguer qu'au moyen d'une loupe. On peut juger par-là de la conféquence du recuit fur l'acier. Je donne pour preuve de cette
confé-

2°. qu'il soit bien forgé & chauffé à propos ; 3°. bien trempé ; 4°. bien recuit :

---

conféquence, tous ces ouvrages d'acier qu'on
fabrique en Angleterre, faits d'acier pur,
& fans recuit ; le poli en eft beau & flat-
teur, j'avoue même avec tout le monde, que
ces fortes d'ouvrages font féduifans ; mais où
en eft la folidité. Que de mouchettes caf-
fées, combien de clefs de montres fe perdent
par les chaînons qui caffent, des cachets,
de breloques de prix, des montres même ;
qu'on examine les petites affiches, & qu'on
faffe le relevé des breloques & montres per-
dues depuis dix ans, on en trouvera au moins
les trois quarts avec des chaînes d'acier. Si,
même, les Dames n'avoient pas le foin de
mettre un cordon de foie, je doute fort que
ces chaînes réfiftaffent feulement deux mois.
En voici la raifon : c'eft que l'acier d'Angleterre eft fort vif, ce que l'on appelle vulgai-
rement fec ; & malgré ce défaut ordinaire à
leur métal, ils le trempent dans toute fa force, & ne lui donnent point de recuit, pour
qu'il prenne un beau poli, & promptement,
afin que ces ouvrages féduifent par la beauté, & que le bon marché en procure le dé-
bit. On n'accorde qu'à l'Angleterre, l'art de
bien polir l'acier, à l'exclufion même de Pa-

B

enfin 5°. bien émoulu, & la condition
des cinq qui paroîtroit la moins essen-
tielle, est cependant tellement indispensable, qu'il suffit qu'elle soit simplement
négligée, pour être trompé dans l'espé-
rance d'avoir fait un bon rasoir.

---

ris, centre réel de tous les Arts & Métiers,
où les grands Artistes sont en si grand nombre, tandis que leurs génies heureux,
font paroître tant de beauté dans tous les
genres de travaux, on défavoue leur science à polir l'acier; cette décision m'a fait rou-
gir mille fois pour les Juges. Tous les ouvriers François poliront également l'acier, &
à bon marché, comme les Anglois, quand
ils voudront comme eux, faire de beaux ouvrages & de peu de durée.

Si l'on examine les lancettes pour saigner,
que nous faisons en France, on reviendra
bientôt de cette erreur, parce qu'elles sont
mieux polies; d'ailleurs les Coutelliers ne
sont pas les seuls possesseurs de cette science;
les Horlogers polissent aussi bien qu'une lancette, le coq, le ressort, & toutes les pieces
d'acier visibles d'une montre. Si l'on veut
mettre le prix convenable à une boîte de montre d'acier, une garde d'épée, &c. on ne manquera pas d'ouvriers en France pour les faire, ainsi que toute autre piece.

Je vais encore plus loin, & je fuppofe qu'un rafoir ait au fuprême degré, toutes les perfections ci-deffus dénommées, s'il n'eft pas affilé à propos ; il devient femblable à un autre qui feroit fait au hazard & fans attention, fans néanmoins que fa bonté naturelle foit perdue ; parce qu'en le repaffant fur la meule, s'il eft trop groffi, ou feulement fur la pierre, fi elle fuffit, il reprendra fa vigueur & fa bonté. On peut juger maintenant de l'attention que mérite un pareil inftrument, & de quelle utilité eft l'art de le favoir bien affiler foi-même, c'eft ce dont nous allons traiter.

Le premier point de l'affilage eft de favoir que quand le tranchant fort d'être repaffé fur la meule, il eft fi mince, que fon extrémité eft terminée en morfil. Mais qu'eft - ce que le morfil ? Je ne puis mieux le comparer qu'à une fine dentelle qu'on colleroit fur le bord d'une feuille de fer - blanc : dans cette comparaifon, l'approche d'un autre corps, plus robufte que la dentelle, feroit plier cette même dentelle, tandis que le fer réfifteroit : il en eft de même du morfil ; il eft fi mince, qu'il n'a pas affez de corps pour couper ; au contraire, il plie. C'eft à la pierre qu'appartient le pouvoir d'ôter ce morfil, non-feulement du rafoir, mais encore de tout autre inftrument.

L'action d'affiler eft donc d'emporter le morfil, mais comment fe fait cette opération ? Elle fe fait en formant, un bifeau fur le bord du tranchant à la place du morfil, & en faifant attention que ce bifeau foit bien vif & bien régulier ; en outre, qu'il ne foit pas plus gros d'un côté que de l'autre. On y parvient affez aifément, parce que le dos du rafoir eft épais, & que fon épaiffeur doit être proportionnée à la largeur de la lame ; c'eft ce qui dirige fagement la réguliere vivacité du tranchant, & dont il a un extrême befoin.

Un point effentiel de l'affilage, eft de s'exercer fouvent pour fe familiarifer la main à tenir le rafoir, afin d'appuyer toujours également d'un côté comme de l'autre, & depuis le bas jufqu'à la pointe.

On peut appofer un rafoir un peu

fort ou matériel , le double de son poids ; & un léger , deux fois : en un mot , pour l'un comme pour l'autre , les derniers coups de pierre doivent être donnés bien légérement , n'appuyant seulement que le propre poids du rasoir : tous ces principes étant indispensable , il est essentiel de les bien observer.

La figure 1 de la premiere Planche représente la pierre à rasoir ; A en est la poignée , qu'on prend de la main gauche , le pouce appuyé sur A.

La figure 2 est le rasoir empoigné de la main droite , précisément comme il est démontré par la main. M pointée seulement , pour mieux faire voir que le clou du rasoir doit se trouver dans la main , entre le doigt index & celui du milieu , le pouce étant appuyé sur E , & le doigt index sur N ; c'est ainsi que l'on tient le rasoir solidement. On l'applique sur la pierre dans la même situation de la figure 2 bien à plat , & l'on fait marcher le tranchant toujours devant ; on traîne le rasoir le long de la pierre , en suivant la direction de la ligne , depuis B jusqu'à l'autre bout C ; ensuite

d'un tour de poignet & de doigts , on
fait tourner le rasoir par le dos E E E ,
afin de ne pas heurter le tranchant sur
la pierre , parce qu'il s'ébrécheroit im-
manquablement ; alors on prend la même position de la figure 3 pointée , ayant
le pouce appuyé sur N , le doigt index
en E ; on rapproche à soi le rasoir , en
traînant sur toute la longueur de la ligne
pointée depuis T jusqu'à l'autre bout X ;
on répéte ces deux sortes de marches ,
quinze ou vingt fois allant & venant.

Il est impossible de fixer la quantité
des coups de pierre , par plusieurs rai-
sons ; un rasoir peut être fin , demi-fin,
ou gros. D'ailleurs il peut être fatigué
plus ou moins : voici à peu près les regles générales sur le nombre de coups
de pierre ; le fin n'a besoin que de douze coups (de chaque côté) ; le demi-
fin en exige dix-huit , & le gros vingt-
quatre : un bon rasoir est toujours plus
dur qu'un médiocre , & ce dernier encore plus dur qu'un mauvais. Le bon
rasoir demande un quart de coups de
plus qu'un médiocre , & ce dernier un
quart de plus que le mauvais. Ces re-

gles ne serviront encore de rien , fi l'on ne fait pas diftinguer les qualités du rafoir ; il faut donc un éclairciffement plus précis.

Pour connoître fi le rafoir eft bien repaffé , effayez de couper légérement la peau de la main , il faut qu'il prenne vivement & en douceur ; finon remettezle fur la pierre , & lui donnez encore quatre ou cinq coups de chaque côté ; il ne faut pas cependant donner trop de coups de pierre ; car le trop eft auffi nuifible que le trop peu , parce qu'il s'y forme un petit morfil qui le met hors d'état de couper ; il eft donc effentiel d'en connoître l'excès ; en voici le moyen.

Quand on effaye fur la peau le rafoir fortant de deffus la pierre , fi le morfil eft fort , on le fent fcier rudement : s'il eft fin , on le fent moins ; il faut alors faire une autre épreuve. Paffez le tranchant fur l'ongle du pouce ou du doigt index , & tenez le tranchant depuis le bas de la marque , jufqu'à la pointe ; s'il paffe fans racler il n'y a point de morfil ; fi , au contraire , il racle , c'eft une marque infaillible qu'il y en a. Or

pour s'assurer de la vérité, il faut le repasser une seconde fois sur l'ongle, toujours légérement, & regarder ensuite ;
s'il coupe bien la peau de la main, il
est certain qu'il n'y a pas de morfil, &
que le rasoir va très-bien.

Dans cette expérience, il n'y a pas
à craindre de se blesser, parce que la
corne de l'ongle est suffisamment dure
pour résister à cette opération, pourvu
qu'on ménage bien le poids du rasoir :
sa seule pesanteur est suffisante : & même, s'il est fort, il faut reténir la moitié de son poids.

Il est essentiel de le passer deux fois
sur l'ongle, parce que la premiere fait
ébranler le morfil, & la seconde le fait
coucher de côté ; de sorte qu'en remettant le rasoir sur la pierre, en cinq ou
six coups, le tranchant se trouve en bon
état. Enfin, pour connoître parfaitement
si le rasoir est bien, il faut qu'il prenne
la peau de la main également après l'a-
voir passé sur l'ongle deux fois, qu'a-
vant de l'y avoir passé, soit en douceur,
soit en vivacité ; & j'ose même assurer
que cette regle est la seule constante,

la moins variable & la plus certaine. Sup-
posé que l'action de passer le rasoir sur
l'ongle, fasse craindre de se blesser, voici
un autre moyen : en conservant toujours
la même légéreté de la main, on peut
le passer sur un morceau de bois de chê-
ne, du hêtre ou du sapin, peu importe;
il faut prendre le bois de travers & à
contrefil, car autrement il n'y feroit ni
bien ni mal; & dans ce sens, il faut
passer deux fois le rasoir sur ce morceau
de bois, en ligne directe & sans chanceler, de même que sur l'ongle : on
tirera de cette expérience les mêmes
éclaircissemens qu'avec celle de l'ongle.

Mais si le rasoir est mauvais, ni l'ongle, ni le bois ne peuvent point suffire,
il faut coucher le morfil d'une autre façon ; à cet effet, on pose le tranchant
sur la pierre, de telle façon que le dos
soit élevé de trois ou quatre lignes, pour
que le tranchant seul pose sur la pierre,
comme si l'on passoit le rasoir sur le
cuir ; on traîne son coup, en faisant
marcher en devant le dos du rasoir bien
légérement, depuis la pointe d'un bout
de la pierre jusqu'à l'autre : alors le mor-

fil se trouve couché d'un côté ; on donne ensuite un semblable coup de l'autre côté , en faisant marcher le tranchant par devant ; car c'est ce contresens qui fait tomber le morfil. Après cela , on applique le rasoir bien à plat sur la pierre, pour refaire le tranchant vif , ce qui se trouve fait en cinq ou six coups de pierre de chaque côté.

Si l'art de repasser un rasoir sur la pierre est si nécessaire, combien l'est davantage celui de le repasser sur la meule ? Il y faut beaucoup d'attention , parce qu'un bon rasoir peut être rendu mauvais par plusieurs inconvéniens ; il faut que son tranchant soit évidé réguliérement, & qu'il plie sur l'ongle , de l'épaisseur d'une demi-ligne au moins , & au plus d'une ligne. Il faut sur-tout qu'il soit bien égal d'un bout à l'autre , & que le tranchant présente un ventre dans toute sa longueur sans inégalités ni creux , mais au contraire bien uni.

Je viens de dire qu'un rasoir peut devenir mauvais en le repassant sur la meule ; en voici la preuve ; un seul coup donné à sec (c'est-à-dire sans eau sur la meule), produit ce changement : l'extrême vivacité de la meule , forme un frottement si rapide , que le tems de le regarder suffit pour détremper tout le tranchant , aussi tous les ouvrages qui tombent entre les mains de ces Remouleurs qui vont dans les rues , tournant avec le pied une petite roue qui fait tourner une meule , sur quoi ils repassent indifféremment , couteaux , cizeaux, canifs , rasoirs &c. sans eau , tous ces instrumens sont bientôt rendus mauvais.

Ce que j'avance ici est incontestable, parce que le frottement de la meule est très-rapide , en voici une preuve : un morceau d'acier ou de fer de la grosseur de deux ou trois lignes , qu'on applique sur la meule à sec , devient dans le même instant rouge , au point d'y pouvoir allumer une allumette. Par conséquent un tranchant quelconque, qui d'ailleurs est très-mince , exposé à une pareille chaleur , ne peut manquer de se détremper ; c'est ce que nous appellons en terme de l'art , *un tranchant brûlé.*

J'ai avancé ci-dessus que le tranchant du rasoir doit faire un ventre régulier

dans toute fa longueur , comme le repréfente la figure 2 b b b de la premiere
Planche ; la raifon en eft toute fimple ,
puifqu'avec une telle direction de tranchant , l'on rafe ordinairement tous les
endroits du vifage , ce ventre eft néceffaire pour répondre à la conformation
des creux & des rides de certains vifa-
ges , rides qui font quelquefois fi pro-
fondes , que le ventre du rafoir ne fuffit
pas , & qu'il faut y porter la pointe du
rafoir , qui fans doute à cet effet doit être
arrondie , comme le défignent les figures 2 , 3 , 5 & 6 ; fans quoi l'on fe fait
autant de coupures , que l'on donne de
coups de rafoir , à moins qu'on n'y prenne une attention finguliere , ou qu'on
ne fe rafe qu'à moitié. Lors même que
l'on n'auroit ni trous ni rides , & que
le vifage feroit uni & plein , il y a toujours des endroits qui exigent le ventre
du tranchant , & la pointe arrondie ;
tels font les creux du menton , le tour
du col, les veines jugulaires , les envi-
rons des oreilles & du nez (6).

-----

[6] Le tranchant du rafoir étant très-fin,

On voit clairement par ces détails cir-
conftanciés , que ce n'eft pas fans raifon
que bien des perfonnes fe trouvent mal
rafées , puifqu'il faut tant de connoiffan-
ces & de précautions pour favoir bien
affiler un rafoir : mais de la maniere que
je le démontre , je crois qu'il fera facile
d'y parvenir. La volonté , jointe à un peu
d'adreffe , rendront dans l'efpace de deux
mois , une perfonne en état de profiter
des fruits de fon apprentiffage.

Un bon rafoir mérite certainement d'ê-
tre confervé avec foin & tenu propre-

---

peu de chofe l'ébreche ; il faut donc de l'attention pour l'ouvrir & le fermer fans le gâter, ni s'eftropier foi même : pour l'ouvrir,
il faut prendre le bout de la châffe du rafoir
avec le pouce & l'index de la main gauche,
& les femblables doigts de la main droite à
la pointe de la lame du rafoir ; c'eft ainfi
qu'il s'ouvre adroitement. Pour le fermer,
on tient le pouce & l'index de la main gauche fur le bout de la châffe , & le doigt du
milieu fur le clou qui unit la châffe & la
lame, on met le doigt index fur le dos de
cette lame , & l'on conduit doucement le
tranchant dans fa châffe.

ment ; il faut sur-tout le bien essuyer après l'opération, pour le préserver de la rouille. Au surplus, quand on a fait choix d'un maître pour repasser ses instrumens, il ne faut pas le changer quand il a réussi à bien faire, parce que cet Artiste qui a fait l'étude des qualités du rasoir, & du degré de la barbe, est en état de faire mieux qu'un autre, qui ne connoîtroit ni l'un ni l'autre ; chaque maître fait, ou du moins il doit s'appliquer à faire cette double étude.

Au surplus, ce n'est pas toujours le savoir qui manque à l'ouvrier, c'est plutôt la récompense qui ne balance pas avec la peine & les soins qu'exigent ces sortes d'instrumens. On convient volontiers qu'un bon rasoir est rare ; mais d'où vient cette rareté, si ce n'est de l'extrême attention pour le faire ? Qu'est-ce que vingt-cinq ou trente sols, pour un instrument si difficile à bien faire ? Il faut beaucoup de régularité pour bien repasser un rasoir ; & l'on ne donne pour cette opération que deux sols six deniers, & souvent même que deux sols. Encore quelquefois est-on obligé d'intéreſſer l'ame mercenaire des Domeſtiques, pour ne pas perdre la pratique de la maiſon, dont ils paroiſſent diſpoſer à leur volonté, & qu'ils font enviſager comme très-lucrative à celui qui récompenſe le mieux ; enſuite s'en vont chez un autre Artiſte prodiguer les mêmes promeſſes ; par cette façon d'agir, les Maîtres ſont rarement bien ſervis.

L'homme eſt le meilleur interpréte de ſoi-même : un Seigneur eſt toujours bien ſervi quand il s'adreſſe lui-même aux Artiſtes & aux Ouvriers, parce qu'un galant homme qui s'humaniſe avec l'Artiſan, lui découvrant le moindre défaut de ſon ouvrage, fait que l'Artiſte, piqué d'honneur, le réparera, & s'efforcera a l'avenir de ne lui rien préſenter qui ne ſoit, pour ainſi dire, parfait, perſuadé qu'il travaille pour un homme, pour un connoiſſeur ; une douce repréſentation & un ton d'humanité fait toujours impreſſion, car dans tous les états de la vie on trouve des ſentimens.

Je prie mes Lecteurs de me pardonner quelques réflexions répandues dans cet ouvrage : je ne puis les paſſer quoiqu'étrangeres à mon sujet. Par exemple, je vois des gens lésiner sur des marchés de conséquence, & parler même contre leurs propres lumieres avec des maîtres établis & connus pour être de bonne foi.

Ce qui fait encore beaucoup de tort aux Arts & aux Artistes, sont ces gens sans aveu, qui contrefont les marchands étrangers, & qui dans le fond ne sont que des charlatans & des redresseurs, qui ne vend que des choses volées, ou rebuts de boutiques de banqueroutiers : cependant ils affrontent le public en parcourant les places, les rues, les cafés, les hôtels : d'honnêtes gens, qui la veille, avoient marchandé avec un citoyen Artiste, se livrent à ces inconnus avec une confiance singuliere, les croyent sur leur parole, & s'imaginant avoir trouvé un bon marché, ils achetent au poids de l'or, des marchandises dont le faux brillant disparoît aussi promptement que les marchands qui les ont vendues.

CHAPITRE III.

Du Cuir à repasser les Rasoirs, de la composition pour le faire soi-même, & la façon de s'en servir.

L'UTILITÉ du cuir n'est pas d'une petite conséquence pour le tranchant du rasoir ; car il n'est pas possible que le plus parfait fasse aisément plus de deux ou trois barbes, sans être repassé sur le cuir, sur la main, sur un soulier, ou sur la pierre : mais comme la pierre use & grossit le tranchant, il est inutile de s'en servir avant qu'il soit nécessaire.

La propriété du cuir est de remettre le tranchant, par la vertu qu'il doit avoir de polir le rasoir de chaque côté, parce que le tranchant qui se trouve entre deux frottemens alternatifs, reçoit une supérioté de vivacité très-nécessaire.

De plus, si la pierre est un peu tendre, & qu'elle ait les pores trop ouverts, elle fait au tranchant des dents

C

trop groſſes ; alors le cuir eſt d'un puiſ-
ſant ſecours , pour ſuppléer au défaut de
la pierre , parce qu'il mange la trop grande longueur des dents, & fait couper
le raſoir plus doux.

Il faut auſſi remarquer qu'un tranchant qui a fait une barbe ſe trouve fatigué, ſur-tout ſi le raſoir eſt conduit avec
la même main ; car c'eſt toujours le même côté qui travaille, & c'eſt aſſez l'ordinaire, à moins qu'on ne ſoit ambidex-
tre ; alors le tranchant ſe renverſe de
l'autre côté du frottement : dans ce cas
il eſt facile de juger ſoi-même que le cuir
eſt indiſpenſable , parce qu'il ranime le
tranchant en le remettant au milieu.

Ce que j'avance ne doit point éton-
ner , ni paroître ridicule , ſur-tout aux
perſonnes qui ont la moindre notion de
la Phyſique expérimentale ou ſpéculati-
ve ; on comprendra même facilement ce
que j'avance , ſi on ſe rappelle qu'il n'y
a point de frottement quelconque ſans
affoibliſſement & diminution des parties
en mouvement.

Or, l'opération de la Pogonotomie
eſt un frottement continuel du raſoir ſur

la peau , & des dents contre les poils ;
il en réfulte donc qu'un tranchant eft fuf-
ceptible d'arrondiffement fi le rafoir eft
bon , & de renverfement fi le rafoir eft
inférieur en bonté. On ne doit donc pas
exiger plufieurs barbes d'un rafoir , fans
fuppléer , par le moyen du cuir , à fa
vivacité ufée , ou , pour parler en Phy-
ficien , fans relever les dents du tranchant renverfées ou émouffées par l'action de couper.

Le cuir eft indifpenfable , il en faut
abfolument convenir ; mais auffi il eft
effentiel d'en avoir un bon : cette bonté
n'eft pas fi difficile qu'on fe l'imagine ;
je crois même qu'il n'eft pas hors de
propos que j'en donne ici la compofition avec la maniere de pouvoir les faire
foi-même.

Premiérement , il faut donner au bois,
foit par le moyen de la rape, foit par
celui du rabot, la forme que l'on veut,
c'eft-à-dire 1 , 2 , 3 ou 4 faces , deux
font fuffifantes ; voyez la figure 4 de la
premiere Planche ; elle repréfente un
cuir ; A eft fon manche ou fa poignée :
il eft néceffaire d'avoir un peu d'efpace

pour agir à l'aise ; il faut qu'il ait cinq ou six pouces de longueur fur quinze ou feize lignes de largeur , & deux ou trois pouces de poignée. Sur le bois ainfi préparé , l'on colle un morceau de cuir de veau , ou de buffle , ou de chapeau de caftor ; fur chacune de fes faces : après que le tout eft féché & bien collé , & que fes deux faces ne foient pas bien unies & qu'il y ait des inégalités , il faut le dreffer avec un morceau de pierre de ponce à fec , en le frottant d'un bout à l'autre , comme il eft démontré pour la pierre à rafoir , mais fans eau.

Il faut avoir foin de bien broyer fur une plaque de fer ou dans un mortier la poudre , potée , ou telle autre drogue que l'on veut mettre deffus le cuir, en la paffant enfuite au tamis de foie , afin qu'il n'y refte pas un feul grain fenfible au doigt , parce qu'un feul fuffiroit pour ébrecher le rafoir autant de fois qu'on le pafferoit par deffus.

On peut faire des cuirs avec plufieurs fortes de chofes , comme de la brique à four , du carreau , du tripoli , du crayon

rouge , de la mine de plomb , de la pierre à rasoir , de la pierre de ponce , de
la pierre à couteaux ou de faux , de la
cruche à l'eau , des creusets à fondre ,
mais neufs , & enfin toute sorte de terre cuite [7].

La pierre à couteau , celle de ponce
& la cruche à l'eau , sont celles qui mangent le plus vîte , c'est pourquoi il faut
qu'elles soient broyées plus fin , sinon les
cuirs arrondiront tellement le tranchant,

---

[7] Tous les grands faiseurs de cuirs ver-
ront par ces détails que leurs secrets sont
éventés ; je puis dire avec certitude que presque tous ne se servent que de la mine de
plomb , & du crayon rouge , de la pierre à
rasoir , ou de la cire à décrotter : de tout
ce que j'ai dénommé , ces drogues sont les
moins bonnes , & en même tems les moins
coûteuses & les plus promptement préparées.
Je ne prétends pas dire que ces sortes de
cuirs soient mauvais au point de gâter les
rasoirs, pourvu que la potée soit bien broyée
& passée au tamis de soie ; ils ne sont mauvais , qu'en ce qu'ils n'ont pas la vertu de
polir l'acier assez promptement , & qu'il faut
cent coups de ceux-là , tandis que sept ou
huit coups d'un bon cuir suffisent.

qu'ils le mettront hors d'état de faire plus de deux ou trois barbes ; encore coupe-ront-ils si rude , qu'ils feront sentir des cuissons au visage. Un bon cuir , il est vrai , revient un peu cher ; en voici la composition : les potées avec lesquelles nous polissons l'acier au point où nous voulons , sont l'éméric , le rouge d'An-gleterre , la potée d'étain & le cinabre ou vermillon ; on prend de l'éméric pilé bien fin pour le côté noir , comme le plus mordant ; & pour le dernier côté, du rouge d'Angleterre [8] ; dans le cas

---

[8] Ce rouge qui est un secret pour les Artistes François , n'est autre chose que de l'acier fondu , voici tout le mystere : prenez de bon acier , coupez-le de grosseur à pouvoir en mettre dans un creuset ; mettez le tout au feu de charbon de bois , à la forge ; lors-que l'acier est chaud à blanc , jettez-y (sans sortir le creuset du feu) deux ou trois mor-ceaux de souffre de la grosseur d'une noix , l'un après l'autre , à la distance d'une minute l'un de l'autre ; après que l'acier est fondu , jettez-le dans une lingotiere , & le laissez ré-froidir de lui-même ; broyez ce corps dans un mortier , seulement jusqu'à ce qu'il soit à demi-fin ; mettez-le ensuite sur une feuille de

où l'on ne pourroit pas avoir du rouge d'Angleterre , la potée d'étain & le cinabre bien mélés ensemble équivalent presque le rouge anglois ; quant à la dose de l'un & de l'autre , sur une once de potée d'étain , un demi-gros de cinabre suffit.

Il faut allier ces drogues , soit poudres ou potées avec quelque liquide , pour pouvoir s'en servir , c'est - à - dire , qu'il

---

tôle , & sur un brasier de charbon de bois ; remuez-le un peu pendant qu'il rougit , avec une petite tringle amincie par le bout en pelle ; & lorsqu'il est bien rouge , couvrez le tout avec un autre morceau de tôle rouge , & des charbons ardens par dessus , afin qu'il se tienne rouge long-tems , & laissez-le passer toute la nuit dans ce feu , & qu'il se refroidisse de lui-même.

Le lendemain retirez-le du feu , & achevez de le broyer sur une plaque de fer de dix-huit à vingt pouces de long , sur douze à quinze pouces de large , avec une masse de fer ou marteau , du poids de douze à quinze livres ; si vous y sentez , en broyant , de petits grains , qui , n'ayant pas été fondus , vous paroissent rouler sous le marteau , passez - le au tamis de soie.

faut en faire une espece de gomme , afin de pouvoir les appliquer facilement fur le cuir ; pour cet effet l'on peut prendre un peu d'huile d'olive avec laquelle on les délayera bien dans un petit pot ; il faut faire cette espece de pâte auffi dure qu'il eft poffible ; l'étendre enfuite fur le cuir avec une fpatule ou la pointe d'un couteau , & en couvrir à froid toute la furface.

Ce rouge eft fort cher , par la raifon qu'il eft très-long à broyer , & qu'à peine un homme en peut broyer fept à huit onces dans toute fa journée , parce qu'il n'eft bon qu'étant broyé au fuperfin.

Je découvre ce fecret au public , parce que quantité d'Arts & Métiers en on befoin , & font dans le cas de s'en fervir pour polir l'acier. Il feroit à fouhaiter que quelque patriote le compofât , & en fît fon occupation , pour ne pas être obligés d'aller chercher chez l'étranger ce que nous pouvons faire chez nous ; quant à moi , mes occupations font en trop grand nombre pour y ajouter celle-ci , car les inftrumens de Chirurgie ne me laiffent aucun relâche ; ainfi je ne le fais que pour moi ; & pour ne rien céler , je le fais meilleur que celui d'Angleterre , parce que j'y ajoute fur une once de rouge , un de-

Autre moyen : faites fondre dans un petit pot, un peu de suif, dans lequel vous jetterez de l'éméric, ou telle autre poudre que ce soit ; délayez le tout ensemble à chaud, mais non bouillant, & l'étendez de même sur le cuir avec la spatule. La graisse de porc, qu'on appelle *sain doux*, est encore meilleure, le beurre frais peut très-bien servir ; mais ce qu'il y a de plus parfait, est la graisse retirée du pot-au-feu, ou pour mieux dire, cette lame de graisse que l'on retire de dessus le bouillon froid, afin que

---

mi-gros de Cinabre & une demi-once de potée d'étain ; ces trois drogues bien mêlées ensemble & délayées avec de l'eau-de-vie, l'expérience de dix années me prouve qu'il est meilleur, & diligente du double.

De la limaille d'acier dans un pot de terre neuf, dans lequel on jette du bon vinaigre pour le dissoudre en rouille dans l'espace de quinze jours, donne une potée pour polir, lorsqu'elle est bien broyée : le safran de Mars, ou la rouille qu'on retire des pots de fer dans lesquels on fait l'eau-forte, polit aussi-bien ; mais ces deux sortes ne valent pas, à beaucoup près, le rouge d'Angleterre, tel que je le compose.

la foupe ne foit pas fi graffe : les graif-
fes de viandes rôties ne font pas moins
bonnes , étant toutefois préparées comme le fuif. Que ce foit avec huile , fuif
ou graiffe , il faut l'étendre avec la fpatule fur le cuir , & n'en mettre que l'é-
paiffeur d'une piece de deux fols ; s'il y
en avoit davantage , la compofition fe
formeroit en écailles , & fe détacheroit
du cuir ; il arriveroit auffi qu'en repaffant le rafoir , elle fe ramafferoit par petit morceaux , & occafionneroit des trous
& des inégalités qui nuifent beaucoup au
tranchant du rafoir, & rendent la manœuvre plus difficile. Il faut laiffer fécher le
cuir , ainfi préparé , un jour ou deux
avant que de s'en fervir , fur-tout s'il eft
à l'huile ; il forme enfuite un cuir parfait , & en état de fervir pendant plus
de fix mois.

La façon de repaffer un rafoir fur le
cuir eft précifément tout le contraire de
celle de le repaffer fur la pierre : fur
celle-ci , c'eft le tranchant qui marche
devant ; mais fur le cuir c'eft le dos qui
va par devant , & le tranchant le fuit,
comme il eft démontré par les figures ci

après dénommées, favoir la figure 4 de
la premiere Planche repréfente un cuir,
A en eft la poignée ou le manche qu'on
tient dans la main gauche. La figure 5
eft le rafoir pofé fur le cuir pour donner le premier coup. La pofition des doigts
eft la même que celle de la pierre ; ayant
placé la main droite , le pouce fur H,
le doigt index fur G , on appuie environ
trois fois la pefanteur du rafoir , & l'on
traîne le coup jufqu'à l'autre bout, en
fuivant la direction de la ligne , depuis
K jufqu'à H ; lorfqu'on eft arrivé à ce
bout, on tourne le rafoir entre les doigts,
le tranchant élevé du cuir , pour ne pas
gâter le rafoir ni le cuir ; enfuite on
prend la pofition de la figure 6 pointée,
où le pouce doit fe trouver placé fur G,
& le doigt index fur H ; alors on rapproche à foi , en appuyant toujours également & en fuivant la direction de la
ligne pointée depuis Y jufqu'à Z ; on
répéte fept ou huit fois cette marche ; &
l'on eft affuré qu'il eft bien repâffé , s'il
prend bien fur la peau de la main.

Il eft effentiel d'avoir un étui pour
renfermer le cuir à chaque fois qu'on s'en

fert ; pour le conferver , il fuffit qu'il foit fait en papier fort : c'eft le moyen de le tenir proprement ; il n'eft pas douteux que toute autre matiere étrangere à fa compofition , eft dans le cas de le gâter ; il eft bon auffi d'effuyer le rafoir avant de le paffer deffus.

Il y a bien des perfonnes qui , voulant être bien fervies , fans faire les frais convenables pour tous les outils néceffaires , ont pour habitude de repaffer le rafoir fur leurs fouliers ; je ne blâme pas tout-à-fait cette méthode , puifque c'eft une peau préparée à l'huile comme celle du cuir , & qu'il y a deffus de la cire compofée avec du noir de fumée & du fuif ou autres chofes équivalentes ; ainfi le foulier peut aller de pair avec un cuir de médiocre bonté.

Mais il faut que , pour que les fouliers puiffent bien repaffer , il faut , dis - je , qu'ils foient décrotés nouvellement, qu'ils n'ayent pas fervi dans la boue , ni dans la pouffiere , parce que le moindre gravier qui fe trouveroit fur le cuir , feroit capable d'ébrecher le rafoir & de le mettre hors d'état de rafer. Pour l'ordinai-

re , les gens mal pourvus en cuir ne font
pas mieux montés en pierre ; ainſi n'ayant
ni l'un ni l'autre , ils s'écorchent au lieu
de ſe raſer ; qu'en réſulte-t-il ? Ils modiſ-
ſent le raſoir , peſtent contre le Coutelier , & croient avoir raiſon.

Après avoir traité du cuir compoſé ,
il eſt à propos de parler du cuir naturel , qui eſt la main même du Pogono-
tomiſte. Sa bonté eſt toujours à peu près
la même ; l'uſage de repaſſer le raſoir
ſur la main , bien loin d'être blâmable
eſt très-applaudi : & même je le recommande , ſur-tout à ceux qui n'ont point
peur de ſe couper. La main peut être
regardée comme un ſecond cuir , qui en
ſa qualité de peau vivifiée , eſt toujours
onctueuſe , & par conſéquent propre à
adoucir le tranchant du raſoir dans le
moment que l'on ſe fait la barbe , ſur-
tout ſi le raſoir n'eſt pas bien bon ; parce
qu'alors il ſe laſſe aiſément par le frottement , s'arrondit , ou ſe renverſe ; ſans
être obligé de recourir au cuir pluſieurs
fois , on peut lui donner ſept à huit coups
ſur la main , & il reprend ſa vivacité.

Pour éviter de ſe bleſſer en paſſant le

rafoir fur la main , il faut le tenir ferme
dans la main droite , de telle façon que le
pouce foit placé près de la marque , &
l'index vis-à-vis parallelement ; enfuite
il faut préfenter le plat de la main gauche , ferrer les doigts , & les renverfer
en arriere le plus qu'il fera poffible ; du
refte , il faut fuivre la méthode prefcrite
pour le cuir , qui eft de pofer le rafoir
à plat fur la main , en faifant marcher le
dos en avant , & donnant les coups de
toute l'étendue de la main.

Je crois qu'il eft néceffaire de répondre à quelques perfonnes qui trouvent ;
ou du moins qui difent trouver que leurs
mains font les meilleurs cuirs , que , fans
avoir entiérement raifon , elles n'ont pas
tout-à-fait tort ; mais voici la feule raifon qui puiffe appuyer cette efpece de
fyftême. Ces fortes de perfonnes qui
ont la peau huileufe , d'où il fuinte une
liqueur fur laquelle s'attache , dans les
plis de la peau , une pouffiere fine ; ce
qui forme une efpece de gomme qui
peut fervir de cuir.

Pour prouver ce que j'avance , il ne
faut que remarquer les garçons Perru-

quiers qui oublient souvent leur cuir,
quand ils vont en ville pour raser, &
se servent avec assez de succès de la main ;
mais la peau de la main de ces garçons
est toujours enduite de la pomade dont
ils se servent pour mettre sur les cheveux & les Perruques ; en outre, il s'attache toujours sur cette pomade, de la
poudre qui vole continuellement & qui
se loge dans les plis de la peau ; ce qui
forme une composition naturelle propre
à pouvoir servir de cuir ; quoique cette
espece de cuir soit meilleur qu'un autre
acheté au hasard, & fait avec des poudres mal broyées, il n'est pas propable
qu'il puisse égaler un cuir fait avec attention, & comme nous l'avons ensei-
gné ci-devant. Il est vrai que les garçons
Perruquiers pour réparer le défaut de bon
cuir, repassent souvent leurs rasoirs sur
la pierre de la boutique, mais aussi c'est
aux dépens du rasoir, car il s'use bien
plus vite par le fréquent usage de la pierre ; ainsi l'épargne d'un bon cuir devient
onéreuse, même à un garçon Perruquier ;
delà il est à juger si un bourgeois peut

aifément s'en paffer ; le bon cuir eft l'a=
me du bon rafoir.

Veut-on fe convaincre foi - même de
la néceffité d'un bon cuir ? Qu'on prenne un rafoir & que l'on le laffe à force de rafer tant que fa qualité le per-
mettra, en fe fervant d'un cuir à chaque
barbe , & continuer de s'en rafer jufqu'à
ce qu'il refufe totalement le fervice ; &
que l'on prenne enfuite un bon cuir neuf,
pour y repaffer fept à huit coups de chaque côté , & l'on trouvera fon tranchant
auffi vif à la coupe , que s'il fortoit d'ê-
tre paffé fur la pierre , & même encore
mieux ; car la coupe eft plus douce &
plus réguliere , fur-tout fi le cuir eft bon :
& ce tranchant fera non-feulement bon
pour une barbe , mais pour fept ou huit,
& autant que la bonté de l'acier le per-
mettra. La raifon de cette expérience
eft que quelque fine que foit la potée
que l'on emploie à faire un cuir , il y a
toujours des grains [9] & fuffifamment

---

[9] Le microfcope , en groffiffant les ob-
jets, fait voir des grains dans leurs formes
naturelles , & on y diftingue des faces planes
& des angles aigus.

gros pour faire des dents au tranchant du rasoir, usées par le frottement du cuir, qui, en vieillissant, s'use & perd sa qualité; c'est pourquoi un cuir neuf renouvelle le bon tranchant du rasoir, le fait couper parfaitement & comme il convient.

Il n'y a point à douter que le cuir ne vieillisse aisément par le service réitéré; une lame d'acier telle que le rasoir qu'on applique souvent sur un cuir avec fermeté, broie la potée (déjà fine) continuellement, & la rend, à la fin, incapable de faire la moindre impression sur l'acier : les surfaces aiguës ne résistent plus, parce qu'elles sont usées ; par conséquent le cuir est vieux & n'a plus de vertu pour polir avec avantage.

Bien des personnes font une remarque sans en approfondir la cause; ils se rasent avec le même rasoir, jusqu'à ce qu'il refuse le service; alors ils le laissent reposer l'espace d'un mois ou six semaines, le reprennent ensuite, le repassent sur le cuir & sur la main, & le trouvent en état de servir.

Cette remarque paroît singuliere, mais

elle eſt au contraire très-naturelle ; en voici la raiſon : on ne peut s'empêcher de convenir que la rouille opére ſur l'acier, avant que ſon impreſſion ſoit en quelque ſorte viſible à nos yeux ; cette vérité eſt inconteſtable. Partant donc de ce principe, il eſt à remarquer que le raſoir eſt toujours dans l'eau, tant qu'il raſe, & que telle précaution que l'on prenne pour l'eſſayer, après que l'acier a été mouillé, il reſte toujours quelques particules d'eau ſur ce métal, qui ſe placent dans les pores de l'acier, en rongent la ſuperficie anticipent ſur l'arrondiſſement du tranchant. Dans cet état de rouille, un raſoir ſe repoſe un mois, plus ou moins ; on le reprend enſuite pour le paſſer ſur le cuir, en trois ou quatre coups ces grains de rouille tombent, & le tranchant ſe trouve plus aminci ; en donnant encore cinq ou ſix coups, le tranchant ſe forme, reprend ſa vivacité, & eſt en état de bien raſer.

Quand on a repaſſé un raſoir ſur la pierre, le biſeau du tranchant eſt bien poli ; on n'y apperçoit rien, pourvu que l'acier ſoit bien net, point pailleux, ni picqueté , ni filendreux ; mais lorfqu'il a rafé plufieurs fois , & qu'il s'eft repofé douze ou quinze jours , on voit , fous la lentille du microfcope , ce bifeau tout picqueté & tacheté de rouge ; ce qui prouve que la rouille opére fur l'acier bien plutôt qu'elle n'eft vifible aux yeux.

On peut juger d'après cela , combien un bon cuir eft précieux , fur-tout aux perfonnes qui paffent quelque tems à la campagne , & qui , par conféquent , ne font pas toujours à la proximité des Couteliers pour repaffer leurs inftrumens fur la meule ou fur la pierre ; car il y a beaucoup d'endroits qui en font privés , & dont ces ouvriers font éloignés de dix à douze lieues. Cependant il faut remarquer que de tous les Arts & Métiers , il n'en eft pas un qui foit plus utile à la fociété & plus précieux à l'humanité que l'art du Coutelier ; par-tout l'on travaille les fruits de la terre , partout l'on s'habille , par-tout l'on écrit , par-tout l'on devient malade , l'on faigne dans tous les climats. Si la Chirurgie rend de fi grands fervices au genre humain , c'eft au tranchant à qui elle eft

redevable de fes fuccès, & par conféquent à l'art du Coutelier; enfin le
tranchant eft, fans contredit, le roi des
inftrumens & des outils, parce qu'à tous
égards il eft indifpenfable.

CHAPITRE IV.

De la nature du Poil, de fa naiffance,
quelle eft fa forme dans fa racine &
dans fon corps, & de la caufe de la
fenfibilité dans l'opération de la Pogo-
notomie.

LES filamens faillans & femés fur toute la furface de notre corps, ont différens noms, felon les places qu'ils occupent, comme cheveux, fourcils, mouf-
taches, barbes & poils; leur nature à tous
eft la même, ils ne font a diftinguer que
par la force feulement, car la racine des
uns & des autres n'eft point différente; tous prennent naiffance dans le tiffu
cellulaire, corps graiffeux qui contient
une humeur onctueufe, dont la bulbe ou

la racine est arrosée continuellement, & tire la substance nécessaire pour croître.

Les poils & les cheveux sont tous creux comme des tuyaux de pipes, depuis leurs racines jusqu'à leurs extrémités ; de sorte que le suc spiritueux du tissu cellulaire, se filtre continuellement dans toute leur étendue.

Cependant ce creux, dans le poil, n'est point vuide de matiere ; toute cette cavité est remplie d'un suc moëlleux. Quelques Anatomistes sont partagés sur cet objet : les uns prétendent qu'un arrosement continuel dans son oignon, suffit pour en opérer la croissance & donner de la nourriture au poil, sans penser que la liqueur doive ou puisse parcourir toute la longueur du tuyau.

Il est cependant probable que la substance contenue dans le tissu cellulaire préside à la croissance des poils, dont elle est en même tems la vraie nourriture, puisque ce suc spiritueux l'arrose continuellement, en circulant dans toute la longueur de la cavité, par un méchanisme semblable à celui du sang qui circule dans les arteres & dans les veines.

Cherchant à me convaincre de la cavité réelle des poils, en l'examinant au microscope, je conçus l'idée d'amincir un fil d'acier jusqu'à l'extrême finesse possible, de la longueur de deux ou trois lignes, pour essayer d'enfiler un poil de la barbe, soit à l'œil simple, ou à l'aide du microscope, je n'ai jamais pu y parvenir.

Cependant cette premiere expérience ne me rebuta point, parce que la pointe de mon stilet rencontroit plusieurs fois le trou du tuyau; mais la finesse de mon aiguille n'étant pas conforme au calibre du poil, celui-ci fléchissoit au moindre effort que je faisois pour l'enfiler: je me déterminai enfin à continuer mon expérience sur un poil ou crin de porc, avec la loupe seulement: je n'eus pas plutôt présenté l'instrument au bout du crin, qu'il entra d'une ligne dans le creux; je forçai le passage, & le crin s'ouvrit en deux. Je l'examinai à la loupe, & je vis très-distinctement une goutiere creusée bien également sur chaque côté du crin. Je réussis de même dans mon expérience sur les crins de cheval & de bœuf.

M'objecteroit-on que les crins des ani-
maux font à tous égards différens des
poils & des cheveux humains? Je ne le
crois point: les uns & les autres prennent naiſſance dans le tiſſu cellulaire &
s'ouvrent un paſſage à travers les pores
de la peau, pour couvrir toute la furface; car il eſt certain que tous les êtres
terreſtres en ſont formés; on les diſtingue tous au microſcope: au pou, à la
puce, les jambes mêmes de ces inſectes
en ſont couvertes.

Quant à la moëlle qui occupe la cavité du poil, elle eſt trop viſible pour
oſer la révoquer en doute; voyez la figure X de la ſeconde Planche: c'eſt
un poil de barbe exactement deſſiné au
microſcope; la moëlle eſt dirigée en
chevron briſé, de telle ſorte que la pointe du chevron fait face à l'extrêmité fu-
périeure du poil : ce chevron ſe voit
mieux à un poil préparé pour faire une
perruque, avant qu'il ait été pomadé,
parce qu'il eſt lavé dans pluſieurs eaux
& ſéché au four, par conſéquent la
moëlle eſt deſſéchée, & le poil beaucoup plus tranſparent. D 4

Presque tous les Anatomistes conviennent que le siège de la sensibilité réside dans le genre nerveux : il n'est point de mon ressort de le discuter, si on le lui attribue exclusivement à toute autre partie qui compose notre machine ou économie animale ; nous en avons suffisamment à la barbe, pour nous faire souffrir pendant l'opération de la Pogonotomie ; la cinquieme paire de nerfs, qui partent de la moëlle allongée, & dont les rameaux serpentent le long des levres, des joues, & la moustache, suffisent pour aiguillonner la sensibilité : examinons un peu ce jeu.

Quand on s'arrache un poil avec les doigts ou avec une pince, l'on voit sa racine droite & graisseuse comme si on avoit trempé ce poil dans un beurre gluant & à demi fondu ; mais que l'on ne pense pas qu'après avoir arraché un poil, il soit vraiment arraché : dans la dissection l'on voit le contraire, parce que la racine n'est pas directement droite, elle est latérale aux uns, horisontale aux autres. De plus l'extrémité interne de la racine forme un petit cro-

chet, qui empêche que le poil s'arrache
entiérement, il se casse dans son oignon,
& le crochet intérieur, qui est la vraie
racine, reste à sa place.

Il faut conclure, pour la cause de la
sensibilité, que ce crochet interne s'oppose à l'arrachement total du cheveu,
pique le tissu cellulaire, occasionne un
tiraillement aux rameaux de la cinquieme paire de nerfs, & fait souffrir plus
ou moins, selon la force des poils qui
résistent le plus à l'arrachement ou à la
coupe. Ainsi quand un rasoir ne coupe
pas bien vivement, il fait souffrir autant que si on arrachoit la barbe avec
violence.

Le méchanisme de la racine interne de
poils, tel que je le dépeins fidelement,
d'après les observations faites sur le ca-
davre, doit bien faire convenir de leur
tort, ceux qui, pour s'épargner la peine de se raser, se font une habitude de
s'arracher les poils : ils sont bien trompés,
lorsqu'au bout de dix années d'un exercice piquant & douloureux, ils ne sont pas
plus avancés que le premier jour, parce
que le poil se casse au lieu de s'arracher.

Quand on déracine un arbre avec trop de violence, quelques brins de la racine restent en terre, & végétent de nouveau : il en est de même des poils ; il suffit que la plus petite partie intérieure du crochet reste dans la place plantée dans le tissu graisseux, pour faire croître sans cesse le poil, parce que c'est sa vraie racine.

CHAPITRE V.

De l'usage & de la nécessité de laver & savonner la Barbe avant de la couper ; avantages qui en résultent, & de la manière de se bien savonner.

LA méthode de laver & savonner la barbe avant de la couper est certainement aussi ancienne que l'usage de la couper ; car l'expérience nous apprend que quand nous voulons nous raser à sec, le poil est si dur qu'il se fait sentir, pour ainsi dire, autant que si l'on arrachoit

plufieurs poils à la fois; la figure 5 de
la feconde Planche, repréfente un poil
de barbe coupé à fec & deffiné au microfcope, voyez le bout b coupé en
chanfrein; il repréfente un morceau de
bois coupé d'un coup de hache; c'eft
cependant un poil qui n'étant pas hu-
mecté, fléchit à l'approche du tranchant
du rafoir, & s'eft coupé tel qu'il eft re-
préfenté en chanfrein ou obliquement,
au lieu d'être coupé net.

La méthode de fe laver ne doit point
être négligée; pour cet effet, on doit
faire ufage d'eau chaude, ou pour le
moins, tiede autant qu'on peut la fupporter, à tout âge ou à tel degré que
foit la barbe. Puifqu'elle eft fi fenfible
à fec, & qu'elle l'eft beaucoup moins
lorfqu'elle eft lavée, plus elle fera hu-
mectée, moins on éprouvera de fenfa-
tions douloureufes; il faut remarquer
que l'eau chaude humecte davantage que
l'eau froide.

Ce n'eft pas la quantité de favon
ou de favonnette, qui foit néceffaire pour
bien laver la barbe. J'ai vu des perfonnes qui fe frottent tellement fort que

le savonnage formoit une gomme sur leur
visage, ce qui ne vaut absolument rien ;
trois ou quatre coups de savonnette appliqués légérement, valent beaucoup
mieux pour bien humecter la barbe.
Après l'avoir ainsi lavée, mettez la savonnette dans le bassin, lavez-vous avec
la main, frottez légérement & bien vivement, en roulant pour faire le plus
de mousse qu'il sera possible : reprenez
ensuite la savonnette pour donner deux
ou trois coups : enfin répétez trois ou
quatre fois cette opération, & même
plus, si la barbe est forte.

La légéreté & la vivacité de la main
fait mousser l'eau, & la réduit en écume, propre à dilater les pores du poil ;
l'esprit huileux pénétre jusqu'à son intérieur moëlleux, l'attendrit, l'amollit, &
le prépare enfin à recevoir le tranchant du
rasoir, à ne lui pas tant résister, & à
céder à sa vivacité aiguë.

Il ne faut point croire que l'action de
se laver soit de quelque utilité à la chair
ou à la peau, bien au contraire, car il est
certain que la chair est plus sensible
lorsqu'elle est humide, que quand elle

est seche. C'est par cette raison que la transpiration & la sueur dans l'été, attendrit si fort la peau, qu'en l'essuyant un peu brusquement, on s'occasionne des cuissons insupportables, & que souvent même on s'écorche. De-là vient que beaucoup de personnes, après s'être fait la barbe, sentent un feu au visage qui occasionne des cuissons ; il est à présumer que ces personnes ont des peaux fines qui s'attendrissent trop facilement dans l'action de se laver ; il faut que le tranchant soit extrêmement doux pour ne pas leur occasionner des sensations douloureuses.

Plusieurs personnes m'ayant consulté sur la meilleure façon de se laver, je les ai engagées à faire usage de l'essence de savon ; & elles s'en sont bien trouvées : par la raison que cette essence est tout d'un coup convertie en écume, & que l'on n'a pas la peine de frotter si fort, ni si long-tems, & empêcher que la peau ne s'attendrisse si fort, & ne la rende aussi sensible à l'action du rasoir.

Cette essence de savon a aussi un autre avantage pour les personnes qui ont un sang échauffé, & qui ne peuvent point souffrir l'eau chaude sur le visage, même en tout tems: ordinairement ces hommes ont le poil rude ; l'essence de savon leur étant d'un grand secours, doit être préférée au savon & à la savonnette.

Cependant il faut convenir que cette essence n'écume pas suffisamment à l'eau froide; mais j'ai trouvé un moyen infaillible d'obvier à cet inconvénient : prenez un demi-verre d'eau chaude, sans être bouillante, jettez dedans huit ou dix gouttes de bonne essence, battez le tout ensemble avec la main, & versez doucement un peu d'eau froide dans cette écume, toujours en battant, jusqu'à ce que vous sentiez la tiédeur ou la fraîcheur au degré que vous souhaitez.

CHAPITRE VI.

Maniere d'apprendre à se raser, selon la méthode ordinaire.

Pour se raser avec avantage, il faut avoir d'abord préparé sur le cuir, deux rafoirs & les tenir prêts, afin que fi le premier n'alloit pas bien, le fecond pût y fuppléer aùffi-tôt, parce qu'il faut de la diligence pour profiter du favonnage, & particuliérement de l'écume, à laquelle il ne faut pas laiffer le tems de fe fécher fur le vifage ; mais fuppofons maintenant que l'on foit bien lavé, & que le rafoir foit en état.

Il faut abfolument empoigner le rafoir de la maniere démontrée par la figure 4 de la feconde Planche, renverfant la lame en arriere, appliquant le pouce fur le talon o, trois doigts en deffous : il faut que le doigt du milieu P foit placé fur le clou, & le petit doigt M en deffous : c'eft la vraie pofition pour tenir le rafoir fermement, & ne pas être en rifque de fe bleffer.

En fecond lieu, il eft très-néceffaire de bien tendre la peau de l'endroit qu'on veut rafer, il faut auffi chercher foi-même les pofitions des doigts les plus avantageufes ; car outre les regles que je prefcris, il eft bon de s'étudier foi-même & prendre les pofitions, qui paroiffent les plus commodes & qui s'accordent le mieux à sa propre adresse.

En troisieme lieu, pour avoir la main légere & déliée, il faut tenir le bras suspendu & comme à demi-mort, afin que tout le mouvement parte du poignet.

Il faut enfin tenir le rasoir, de la main droite, comme on l'a dit ci-devant, & porter la main gauche au côté droit du visage, embrassant toute la tête, & appliquant les quatre doigts, ou trois, ou deux, ou même un seul sur la lettre A figure 3 de la seconde Planche; posez le rasoir légérement au dessous des doigts, de façon que le tranchant seul porte sur la peau, & que le dos en soit distant d'environ deux lignes; donnez le premier coup en fauchant, & descendez en plusieurs reprises jusqu'à c ; il faut aussi avoir soin d'essuyer le rasoir après deux ou trois coups, c'est-à-dire, lorsqu'il est sale.

Il faut remarquer qu'à mesure que l'on descend le rasoir pour raser plus bas, il faut aussi descendre les doigts, parce que plus le point de tension est proche du tranchant du rasoir, moins on est en risque de se couper, moins on souffre, & plus on se rase de près.

Ayant

Ayant rafé depuis A jufqu'à C, on porte les doigts fur R, & l'on fauche jufqu'à Y ; cette joue étant finie, il faut paffer à l'autre qui eft la gauche.

Si l'on veut fe fervir des deux mains, il faut prendre le rafoir de la main gauche, & faire le point de tenfion avec la droite, & fuivre exactement les indications précédentes, en donnant à la gauche l'office de la droite.

Mais comme l'embidextérité n'eft pas fort commune, [fur-tout avec les commençans], continuons d'expliquer la maniere de fe rafer de la main droite feulement.

Portez la main gauche fur H, tenant de la main droite le rafoir pofé deffous, & traînez le coup en tranchant jufqu'à B, avancez les doigts fur Q, & traînez le coup jufqu'à I.

L'endroit le plus difficile à rafer, eft la mouftache ; or pour vous en bien acquitter, prenez le bout du nez avec deux doigts pour le relever en haut le plus qu'il fera poffible, & en même-tems aidez-vous de l'action naturelle des mufcles pour tendre la peau, & allonger

E

la levre supérieure ; dans cette position , appliquez le tranchant du rasoir au bas des narines F pour faciliter le tour , qu'on peut appeller le coup de maître ; il faut que le dos du rasoir porte un peu sur le nez , mais très-légérement , pour s'en servir comme d'un petit point d'appui ou d'un point de guide ; alors d'un lé- ger tour de poignet , descendez jusqu'à la bouche , c'est-à-dire , jusqu'à la levre supérieure ; le milieu de cette levre étant rasé , penchez un peu le nez sur le côté gauche , & placez le rasoir ho- rizontalement sur G , fauchez jusqu'au coin de la bouche , observant de bien tendre la peau : pour faciliter ce point de tension , ouvrez la bouche à mesure que le rasoir descend : ce secours est très - nécessaire , sur-tout pour les coins de la bouche qui se rasent aussi - tôt après la moustache.

Ce côté droit rasé , passez au côté gauche en renversant un peu le nez sur la droite ; posez le rasoir horizontale- ment sur X , & fauchez toute la mous- tache & tout le coin de la bouche. Pour bien raser le bout du menton [qui est fort difficile] il faut appliquer la main gauche sur la joue gauche & sous le coin de l'oreille B, bien tendre la peau, approcher le tranchant près des doigts, & trainez jusqu'à I en fauchant : delà quittez le point de tension B pour le placer en I, & faucher jusqu'au bout du menton E, & même anticiper au delà. Lorsque l'on craint de se couper, au lieu de ne mettre que deux tems de B en E, il faut en mettre trois ou quatre ; parce qu'il est essentiel que le point de tension soit fort proche du tranchant du rasoir ; sinon l'on se couperoit facilement.

Tout le côté gauche étant rasé, passez au côté droit en vous servant toujours de la main droite ; appliquez la main gauche sur la joue droite, les doigts sur C, & fauchez jusqu'à Y ; rapprochez les doigts en Y & trainez jusqu'à E ; enfin finissez le tour de la mâchoire inférieure, en faisant attention de vous servir de la pointe du rasoir pour le bout du menton, afin d'éviter de se couper à la levre inférieure, ce qui est infaillible sur-tout quand la pointe du ra-

foir n'eſt pas arrondie ; venons actuellement au col.

Appliquez la main gauche ſur le menton E , ayant le tranchant du raſoir poſé
deſſous ; hauſſez un peu la tête pour tendre le col , & fauchez à pluſieurs repriſes juſqu'au bas N : ce milieu fait,
avancez les doigts Y , & raſez tout le
deſſous ; enſuite portez les doigts ſur C
pour achever le côté droit du col : paſ-
ſez enſuite la main gauche de l'autre
côté ſur I , le tranchant toujours poſé
deſſous , & fauchez juſqu'à N ; delà
portez les doigts ſur B , & finiſſez tout
le tour du col : enfin , portez la main
ſur le menton E , & à revers de main,
poſez le raſoir , le tranchant en haut ,
au deſſus du doigt , & raſez le tour de
la levre inférieure.

Quelque bon que ſoit le raſoir , il ne
coupe jamais bien également tout le poil,
il en reſte toujours de deux ſortes à couper ; les uns ſont des eſpeces de poils
folets , qui par leur foibleſſe plient à l'approche du raſoir , & ne ſe coupent pas ;
les autres ſont des poils qui , quoique
forts , ne ſe coupent pas nettement , parce

qu'ils font placés à contre fens , c'eft-à-
dire , qu'ils ne font pas droits , mais cou-
chés fur la peau , comme je le démontre par la figure , fur les joues entre les
lettres A C & H B , & fur le trou du
menton où l'on peut examiner que les
poils fe croifent , & qu'ils font dirigés
de tout fens, de maniere qu'il eft prefque
impoffible que le rafoir puiffe les couper
tous également fans changer la direction
du rafoir.

Pour obvier à cette inconvénient , il
faut abfolument préfenter la face du tranchant à contre fens du poil , ce que l'on
appelle à contre - poil ; finon le poil fe
coupe obliquement , comme on peut le
voir par la figure I de la feconde Planche au bout b [10]. Lorfqu'on s'eft rafé
au premier poil, & qu'il en refte un grand
nombre coupés de cette façon , il eft indifpenfable pour étre bien rafé , de le
faire à contre-poil.

---

[10] Pour me former une regle d'après
l'expérience , je fis fécher une quantité de
poils de barbe ; les examinant enfuite au microfcope , j'en diftinguai la fixieme partie qui
étoient coupés de cette façon.

Pour cette seconde opération , il faut prendre le baſſin , ſe donner un léger coup de ſavonnette ; ſi l'écume n'eſt pas fondue , elle ſuffit toute ſeule.

Portant perruque , il faut ſe laver le front , pour en raſer le tour. Afin d'y réuſſir facilement , appliquez la main ſur le front pour tendre la peau , poſez le raſoir au deſſus des doigts , & à revers de main , raſez tout le tour du front.

Pour raſer les faces près des oreilles appliquez le doigt pour le point de tenſion ſur la tempe , & avec la pointe poſée ſous les doigts , deſcendez juſqu'à C, en deux ou trois repriſes ou même plus, pourvu que vous deſcendiez le point de tenſion. Le côté droit raſé , il faut paſſer au côté gauche , & ſuivre les poſitions de la droite. Il reſte à raſer la barbe à contre-poil ; il faut toujours commencer par la mouſtache.

Pincez la joue avec deux doigts , portez la pointe du raſoir tout auprès , & fauchez légérement dans cette poſition ſur le tour de la mouſtache : delà portez les doigts ſur B , appliquez le raſoir au deſſus , & donnez le coup en fauchant jusqu'à H ; portez ensuite le point de tension sur I, montez jusqu'à Q X, & descendez en A, d'Y jusqu'à R & G, toujours portant le rasoir de bas en haut: faites-en de même pour le col ; appliquez la main gauche sur N, & portez le tranchant du rasoir au dessus ; donnez un léger tour de poignet pour suivre le tour du col & toute la cavité cylindrique ; fauchez à revers de main jusqu'au menton, ou E ; faites de même pour tout le tour de la droite & de la gauche, principalement que le point de tension ne quitte jamais la ligne directe de N pour monter adroitement jusqu'à B, I, E, Y, C, & l'on ne peut manquer d'être bien rasé.

Malgré l'exactitude avec laquelle j'ai taché de donner la méthode de se raser, il y a cependant bien des circonstances que l'on ne peut pas indiquer dans une marche générale. Pour être donc utile à tout le monde, je vais ajouter certaines remarques particulieres qui en faciliteront l'intelligence.

1°. Il est d'une nécessité indispensable

de bien tendre la peau en tel endroit du
visage qu'on veille raser.

2°. Il faut absolument, pour éviter de
se couper, que le tranchant du rasoir
soit posé près du point de tension.

3°. Si je me sers du terme *faucher*,
c'est qu'il exprime mieux la nature de
l'action de se raser ; en fauchant, le
tranchant coupe plus net & plus doux ;
mais pour faucher il ne faut point que
le rasoir reste dans une même direction ;
au contraire, il faut le faire travailler
dans toute la longueur de son tranchant,
en le posant par le bas , près la marque, qui est le talon , incliner toujours
un peu la main, & trainer le coup le
long du tranchant , de telle sorte qu'il
finisse à la pointe. Mais pour éviter de
couper quelque bouton , il faut appliquer la pointe auprès du bouton , &
trainer le coup pour finir au talon du
rasoir , au lieu d'appliquer le bas du rasoir pour finir à la pointe.

Il n'est pas toujours commode , ni
même possible , de faucher de toute la
longueur du tranchant : alors il faut faire
avec la pointe du rasoir , le tour des

boutons en cherchant la pofition des doigts la plus commode ; & il faut même , dans ce cas , ne donner que des coups bien légers.

4°. La tenfion des doigts ne fuffit pas toujours quand on a des trous , des rides ou des cicatrices au vifage ; il faut alors repouffer avec la langue les joues par dedans la bouche , afin de faire une faillie fuffifante au trou , pour en rafer facilement la place. En d'autres circonftances , il faut pincer la peau avec deux doigts , pour en faire l'élévation , principalement aux rides & cicatrices.

5°. Lorfqu'on fe regarde au miroir , & que l'on voit ou que l'on fent fous les doigts quelques poils qui ne font point coupés , ce font , comme nous l'avons déjà remarqué , des efpeces de poils folets ou des poils qui fe croifent , & qui ont réfifté au tranchant en fauchant de haut en bas , & de bas en haut ; alors il faut en chercher le fens , & les rafer horizontalement , ou latéralement , ou enfin verticalement ; c'eft ainfi que le poil céde à l'adreffe de la main , & fe rafe de près.

6°. Il eſt eſſentiel d'étudier le point & le degré de ſa barbe , & eſſaier avec le raſoir, de quel ſens le poil ſe coupe le plus facilement , & avec moins de tiraillement ; car il n'y a guere de perſonnes qui ne ſoient pas ſenſibles dans certains endroits du viſage plus qu'en d'autres ; les uns le ſont à la mouſtache , les autres au col , ceux-là aux tempes , ceux-ci enfin en d'autres endroits ; les uns endurent un tiraillement , d'autres une eſpece de chatouillement inſupportable & toujours ſuivi de cuiſſons. Mais le ſeul moyen de s'épargner de la douleur , eſt de chercher la plus avantageuſe direction du tranchant , ſoit de bas en haut, ſoit de haut en bas, horizontalement ou latéralement. Enfin il ne faut qu'un peu de patience dans les commencemens , pour être en peu de tems, auſſi expérimenté que les maîtres. Les recherches faites avec ſoin & conſtance , ont toujours le ſuccès pour récompenſe.

CHAPITRE VII.

Méthode pour apprendre à se raser avec le rasoir à rabot ; autre méthode pour s'essayer sur une tête à perruque.

COMME plusieurs personnes se servent du rasoir à rabot, non - seulement pour apprendre à se raser, mais encore pour l'ordinaire ; & que celui-ci diffère du rasoir ordinaire, à cause de l'application & adaption du rabot à sa lame ; je crois très à propos d'en faire ici une description exacte, & d'enseigner la meilleure façon de le mettre en usage, & le moyen de s'en servir avec dextérité.

La figure 10 de la premiere Planche, représente le bois prêt à recevoir la lame. Prenez donc le bois de la main droite [10], ayez le pouce appuyé sur Y, &

---

[10] J'ai préféré de faire la description de la main gauche, parce que c'est celle dont on se sert le moins, & qui se trouve par-là moins aisée à faire agir. D'ailleurs pour se

deux ou trois doigts deſſous , en prenant
garde , toutefois , de ne pas avancer
le pouce plus avant que le tranchant du
raſoir , mais au contraire un peu plus
en arriere , afin de ne point ſe bleſſer.

Pour ſe raſer , il faut empoigner le
raſoir par le milieu , de ſorte que le clou
qui joint la lame à ſon manche , ſe trouve placé ſur le doigt du milieu : tenez
avec l'annulaire & le petit doigt le manche ou la châſſe ; appuyez le pouce ſur
le talon de la lame , poſant l'index parallele deſſous ; dans cette poſition , faites couler la lame du raſoir en ligne directe juſqu'au bout , afin que la gou-
pille Q , qui traverſe le bois de rabot ,
entre dans l'échancrure R de la pointe
du raſoir , & que le crochet U du talon,
accroche le bout du bois O.

La figure 13 repréſente le raſoir tout
monté & dans la ſituation propre à s'en
raſer. Cette eſpece de châſſe lui fait donner le nom de raſoir à rabot par connec-

---

ſervir de cet inſtrument de toute main , il
n'y a qu'à changer la poſition de la main
gauche à la droite.

tion avec le rabot du Menuisier. La maniere de s'en servir est, à tous égards,
la même que celle du rasoir ordinaire,
expliquée dans le Chapitre précédent :
il faut aussi tendre la peau & faucher,
comme nous l'avons dit ci-dessus pour
les rasoirs ordinaires. Cependant la barbe coupée, c'est-à-dire, les poils & l'é-
cume qui forment une crasse, se logent
naturellement entre la lame du rasoir &
le bois ; mais une goutiere pratiquée sur
le bois de rabot, comme on le voit à la
figure g s s s, diminue beaucoup cet inconvénient, parce qu'il facilite la crasse
à s'y loger à l'aise, & la laisse sortir librement ; pour cet effet, il ne faut que
présenter le tranchant du rasoir en bas,
& faire un mouvement comme pour
donner un coup de fouet, ce qui chasse
aisément toute la crasse ; après cela on
essuie l'extérieur du rabot sur le frottoir
ou torchon, de même que pour le rasoir ordinaire ; par ce moyen facile, on
n'est pas obligé de retirer la châsse de
la lame à chaque coup pour l'essuyer ;
il suffit de ne pas manquer de le faire à
la fin de la barbe, parce qu'en séchant,

la craſſe devient plus épaiſſe , & coule
moins facilement ; & en outre par rap-
port à la propreté du bois , & pour éviter la rouille qui ſe formeroit au raſoir.

La tenſion de la peau n'a pas beſoin
d'être auſſi réguliere avec le raſoir à rabot qu'avec le raſoir ordinaire , parce
que toutes les faces du bois du rabot
ſont arrondies de façon qu'en appliquant
le raſoir ſur le viſage , la partie du rabot I faiſant un dos d'âne applati , tend
la peau par elle-même , & facilite beaucoup l'action du tranchant ; le raſoir
coupe même plus doux , parce que le
point de tenſion n'abandonne pas d'un
inſtant le tranchant.

Avec cet inſtrument , une perſonne
qui n'auroit qu'un bras , pourroit ſe raſer aiſément , en s'aidant ſimplement
(comme nous l'avons dit précédemment)
de la faculté qu'ont les muſcles & les
tendons , pour pouvoir roidir les joues,
allonger la levre ſupérieure pour la mouſtache , ouvrir la bouche pour en raſer
les coins , lever la tête pour tendre le
col , &c. avec ces attentions on ſe raſe
bien avec une ſeule main. Je crois que

cet avantage eſt d'une conſéquence aſſez grande dans la ſociété pour faire recevoir favorablement cet inſtrument.

Il eſt très-difficile de ſe raſer toute la tête ſoi-même avec un raſoir ordinaire, ſur-tout le derriere des oreilles & le chignon ; mais avec le raſoir à rabot l'on fait cette opération très-aiſément , ainſi que tout le tour de la tête ſans riſquer de ſe bleſſer ; d'ailleurs , la facilité de s'aider des deux mains en changeant de bois [11], ne laiſſe rien à deſirer à l'avantage de pouvoir raſer tout le corps entiérement.

Pour ſe raſer la tête avec ſuccès &

---

[11] Chaque raſoir eſt ajuſté ſur deux rabots, l'un pour la main gauche , & l'autre pour la droite, & chaque rabot ſe joint par le même méchaniſme.

Dans le commencement de ces raſoirs , je faiſois les bois de rabot avec du bois roſe, & la châſſe du même bois ; mais ſa couleur eſt ſaliſſante & ſe craſſe beaucoup dans l'opération ; j'ai donc pris le parti de faire ces bois de rabot en ébene la moins poreuſe, la plus ferme & la plus noire, qui eſt l'ébene maurite, ce qui eſt beaucoup plus propre. J'en fais même actuellement en écaille.

dextérité, soit avec le rasoir à rabot, soit avec le rasoir ordinaire, il faut que les cheveux soient coupés le plus près possible, & ensuite laver & savonner la tête comme il est prescrit pour la barbe.

Alors, prenez le rasoir d'une main, ayant l'autre appliquée sur le front, & le tranchant posé près des doigts, & fauchez de devant en arriere tout le tour du front, des tempes, & près des oreilles ; à mesure qu'une place est rasée, avancez le point de tension sur l'endroit rasé, afin qu'il suive toujours de près le tranchant du rasoir, sinon l'on se couperoit à tout moment, non pas avec un rasoir à rabot, mais avec un rasoir ordinaire.

Il ne faut point négliger de chercher soi-même les positions de la main, & les différentes situations de la tête qui s'accordent le mieux à l'adresse naturelle, parce qu'il est essentiel de se raser avec liberté & sans se gêner ; il faut sur-tout avoir attention que tout le mouvement provienne du poignet.

Lorsque la partie du front est rasée (je suppose le rasoir à la main droite) rasez rafez le derriere de l'oreille droite ; & pour y parvenir , portez la main gauche fur l'oreille , couchez-là fur le devant , appliquez votre rafoir perpendiculaire-ment derriere , & fauchez de devant en arriere , tant que votre coup pourra s'é-tendre à plufieurs reprifes.

Pour le côté gauche , prenez le rafoir de l'autre main , fervez-vous de la main droite pour coucher l'oreille gauche , & fuivez exactement ce qui eft prefcrit ci-deffus pour la droite ; celle-ci doit finir l'opération, c'eft-à-dire , rafer le chignon. A cet effet , portez la main droite der-riere la tête , le rafoir au deffous , tou-jours pofé bien près des doigts , baiffez un peu la tête en devant , & vous ra-ferez auffi bas que vous voudrez.

Si l'on veut , enfin , apprendre à fe ra-fer foi-même , indifféremment avec tou-tes fortes de rafoirs , fans rifquer de fe bleffer , prenez une tête à perruque , foit de bois , de cuir ou de carton ; poudrez-en le vifage avec une houpe , de telle forte que la moitié en foit bien poudrée, c'eft-à-dire les joues, la mouftache , la barbe & le col ; placez enfuite cette tête

poudrée devant un miroir , à telle diftance & hauteur que vous puissiez voir
toute sa figure. Mettez vous derriere :
prenez votre rasoir de la maniere démontrée par la figure 3 de la seconde Planche , & rappellez - vous tout ce qui est
prescrit dans la méthode de se raser soi-
même , Chapitre VI. Alors observez sur
cette tête , comme si c'étoit votre visage,
toutes les positions des mains , les points
de tension & les coups de rasoir ; ap-
pliquez-vous ensuite à enlever bien légérement la poudre de cette tête sans l'é-
corcher , soit qu'elle soit de bois ou de
carton ; fixez toujours bien la placé que
vous rasez , essuyez votre rasoir comme
si la poudre que vous enlevez étoit la
crasse de la barbe , pour accoutumer la
main à tous les différens mouvemens. Cet
exercice répété dix à douze fois , & quelque maladroit que l'on puisse être , il est
certain qu'on parviendra aisément à se
former la main pour se raser avec d'ex-
térité , & sans risquer de se balafrer le
visage.

Il seroit bien plus raisonnable & cha-
ritable pour les pauvres ou les mauvais

payeurs, que les Barbiers donnaſſent ces principes à leurs apprentis, & les fiſſent exercer durant trois ou quatre mois ſur des têtes à perruque, avant d'expoſer le viſage d'un humain à la main trem-blante d'un apprenti, & à la vivacité d'un tranchant qui ne reſpecte rien, s'il n'eſt conduit par une main ſage & ſûre, qui puiſſe le diriger.

CHAPITRE VIII.

Des pierres propres à affiler toutes ſortes de tranchans, le propre de chaque eſ-pece, & la différence des bonnes & des mauvaiſes.

Nous ne connoiſſons que cinq ſor-tes de pierres propres à l'affilage de tout inſtrument & outils tranchans; il eſt très-néceſſaire de connoître ces pierres, & de ſavoir diſtinguer la propriété de cha-cune, parce que les meilleurs tranchans, inſtrumens ou outils, ne ſont point en

état d'opérer long-tems sans être repaſ-
ſés , parce qu'étant deſtinés à trancher ,
hacher , couper ou faucher , ils ſe gâtent
par le frottement plus ou moins fort ,
occaſionné par leur action. Si l'inſtrument eſt bon , le ſervice en eſt plus long,
il eſt vrai, mais l'arrondiſſement de ſa
ſurface aiguë ne ſe fait pas moins. Si l'inſtrument eſt mauvais , c'eſt-à-dire , s'il eſt
trempé trop chaud , il s'ébreche aiſément ;
s'il eſt, au contraire, trempé trop bas,
il ſe plie ou ſe renverſe de l'autre côté
du frottement. Ainſi , qu'il ſoit bon,
médiocre ou mauvais , les pierres lui
ſont toujours d'un grand ſecours , cor-
rigent l'imperfection de la matiere, & lui
procurent un bien plus long ſervice.

La premiere eſpece de pierres propres
à affiler , eſt d'un gris foncé ; elles ſont
longues, un peu applaties par les deux
bouts ; elles ſont aſſez communes, parce qu'elles ſe trouvent en pluſieurs pays,
tels qu'en Auvergne, en Lorraine, &c.
Les meilleures ſe trouvent dans le pays
de Liége , mais en général , il y en a de
bonnes & de mauvaiſes dans ces différens pays.

Les mauvaises se connoissent au grain qui est trop gros, on y apperçoit même des petits brillans à peu près comme sur un enduit de plâtre ; leur défaut est d'être ou trop dures, ou trop tendres ; les dures sont cependant préférables aux tendres, pourvu qu'on ne s'en serve qu'avec de l'eau ou de l'huile.

Les bonnes ont les pores serrés, le grain en est doux, elles sont d'un gris qui n'est pas trop foncé, au contraire, il est un peu blanchâtre ; lorsqu'elles sont d'un grain serré, uni & doux, elles font un tranchant plus fin, c'est - à - dire, qu'elles font les dents plus fines, ce qui est toujours essentiel.

Cette premiere espece est bonne pour affiler les tranchans des couteaux, serpettes, greffoirs, faux, faucilles, hachoirs, couperets, haches, rabots, fermoirs, plane, & généralement tous les outils de Jardinier, de Charron, de Charpentier, Tonnelier, Menuisier même, de Cordonnier, Corroyeur, & enfin tous les instrumens & outils, dont les tranchans sont forts & destinés aux forts ouvrages en bois. Il faut observer que lorſque ces pierres ſont bonnes, il faut s'en ſervir à ſec ; & ſi, au contraire, elles ſont trop dures ou trop tendres, il faut s'en ſervir à l'eau.

Pour mettre ces pierres en état de ſervir lorſqu'elles ſont neuves, il faut en choiſir la face la moins raboteuſe, & l'unir ſur un grais ou ſur une pierre de taille, ſur laquelle on met du ſablon, & la frotter à ſec d'un bout à l'autre.

Lorſqu'elle eſt bien dégroſſie, il faut achever de l'unir avec un morceau de pierre de ponce à ſec ; & lorſque par le long ſervice, il s'y fait des trous, des boſſes ou des inégalités, il faut l'unir & la remettre en état de ſervir, au moyen de la pierre de ponce.

La ſeconde eſpece de pierres eſt celle qui porte le nom de pierre du Levant, ou de pierre à l'huile ; cette ſorte de pierre ne ſe trouve que dans les pays du Levant ; c'eſt au Port de Joppé ou Jafre, que quelques vaiſſeaux en font des cargaiſons pour les tranſporter en Europe. Cette pierre doit être regardée comme très-utile ; & pour en faire acquérir plus parfaitement la connoiſſance, il

faut en expliquer les différentes efpeces.
La premiere efpece eft celle dont la
couleur eft d'un beau blond , & qui a
le grain doux & tendre ; la feconde efpece eft d'un blond foncé, approchant
même un peu du noir ; fon grain eft
ferré , & dur. Dans ces deux efpeces,
il s'en trouve également de bonnes & de
mauvaifes ; mais il s'en trouve plus de
bonnes dans le nombre des dures, que
dans celui des blondes , parce que ces
dernieres font fouvent fablonneufes &
fujettes à avoir un grain inégal, c'eft-à-
dire , qu'elles renferment des efpeces de
durillons ; fouvent il s'y trouve des veines en travers ou obliques, qui font quelquefois plus tendres que le refte de la
pierre , & d'autres qui fe trouvent plus
dures. Ces durillons & ces veines tendres paroiffent à la vue ; il n'en faut pas
néanmoins conclure que toutes les pierres veinées foient mauvaifes , car il y a
prefque à toutes les pierres quelques petites veines ; malgré cela elles n'en font
pas moins bonnes quand le grain eft
égal ; mais on doit toujours préférer celles dont les veines font le long de la

pierre , & non pas en travers ou obliquement.

Pour s'assurer de l'égalité du grain, on peut y passer dessus le tranchant d'un couteau ; si la veine est dure , & forme un durillon , le tranchant fait un petit seau & ne passe pas uniment ; si au contraire, c'est une veine tendre , l'on sent le tranchant du couteau qui mort plus en cet endroit qu'ailleurs : en un mot pour que la pierre soit parfaitement bonne , il faut sentir passer le tranchant du couteau par-tout en douceur & sans aucune inégalité. Il faut aussi faire attention qu'il n'y ait aucun tac graveleux , ce qui est encore fort mauvais. Au surplus , c'est à l'œil à décider d'un grain bien égal & des pores serrés.

Il s'en trouve aussi quelquefois de marbrées , mais rarement elles sont bonnes , parce qu'il arrive que tandis qu'une place blonde est bonne , sa couleur voisine plus blanchâtre est trop tendre, & une autre à côté plus noire & trop dure ; ce qui est toujours nuisible aux outils.

Pour mettre ces sortes de pierres en

état de service quand elles font neuves,
il faut les frotter en longueur fur un
grais à fec, ou fur une pierre de taille
unie, fur laquelle on met du fablon, &
l'on frotte la pierre jufqu'à ce qu'elle ait
une face bien plane & fans inégalités.
On prend enfuite une pierre de ponce
avec laquelle on la frotte à l'eau claire ;
celle-ci emporte les gros-traits qu'a fait le
fablon, & prépare le grain à faire un
tranchant doux.

Pour s'en fervir avec avantage, il faut
l'imbiber d'huile d'olive, pendant l'efpace
d'un mois ; finon elle eft trop tendre,
graveleufe & fablonneufe, fait un mauvais tranchant & qui eft fi rude qu'il
refufe le fervice.

La premiere efpece de ces deux pierres, eft la tendre, de couleur blonde ;
elle eft très-bonne pour les tranchans
fins, comme pour emporter le premier
morfil de la lancette & régler la pointe
fi elle n'a pas été faite bien réguliere fur
le tour ; elle fait auffi un bon tranchant
aux fcalpels à difféquer. On peut même,
dans le befoin, s'en fervir pour les couteaux à amputation, pour les canifs, grat-

toirs , coupe - cors , coupe - crayons , &
tout inftrument de femblable efpece,
pourvu toutefois qu'on affile bien légérement.

C'eft cette pierre qu'il faut aux Chirurgiens dentiftes pour repaffer les inftrumens à nettoyer les dents ; c'eft elle
auffi qui doit affiler tout tranchant à couper & à parer le cuir , couteaux à couper la baleine , & généralement toutes
fortes de cizeaux, foit à linge , étoffe ,
draps, moufleline, à cheveux, à crins, &c.

Il faut auffi comprendre dans cette
claffe , cette quantité d'outils qui fervent
à faire & à finir les ouvrages de plufieurs fortes de métiers , comme lunettes
de Corroyeur , de Parcheminiers ; ces
efpeces de canifs dont on fe fert pour
faire tous les petits ouvrages qu'on appelle Bijoux - d'Allemagne , pour toutes
ces petites figures fculptées en bois , en
os , en yvoire , en écaille, en nacre de
perle.

Plufieurs Ebéniftes & Sculpteurs fe fervent d'un morceau de pierre de Lorraine à l'eau , pour affiler leurs gouges,
leurs cizeaux , leurs racloirs ; ce n'eft

cependant pas la meilleure, la pierre du Levant est bien préférable ; il y a une très-grande différence de l'une à l'autre pour repasser ces sortes d'outils, principalement pour ceux qui finissent l'ouvrage : ils ragréent beaucoup mieux & plus diligemment.

La seconde espece de pierre est d'un blond foncé ; cette sorte de pierre étant dure, est très-bonne pour un grand nombre de tranchans forts ; elle est même indispensable pour les burins & échopes de graveurs sur tous métaux, cizelets, gouges, & cizelets à tailler l'acier, l'or, l'argent, le cuivre, l'étain, & généralement tous les métaux ; pour les outils des Sculpteurs en marbre, en bois, ou en plâtre, pour les petites gouges, cizeaux qui servent aux Menuisiers pour pousser des moulures ; pour tous les outils qui servent à tourner tous les métaux, le bois, l'yvoire, l'os, enfin pour tous les outils du tour & de semblable espece.

Elle sont, en outre, très-nécessaires pour affiler les forces des Tondeurs de draps, les petites pour le taffetas, les

forces & les cizeaux des Gantiers , des
Boursiers , & généralement pour tous
les ouvrages en peau , en draps , en
étoffe & en linge.

C'est une regle générale qu'il faut se
servir d'huile d'olive pour affiler sur les
pierres du Levant de telle espece qu'elles soient , dures ou tendres , blondes ou
noirâtres , & jamais d'eau ; parce que
l'eau dilate les pores , grossit le grain ,
& par conséquent fait un mauvais tranchant ; c'est de l'indispensable nécessité
de s'en servir à l'huile , que lui est ve-
nu le nom de pierre à huile.

La troisieme espece de pierres à affiler est celle qui est d'un grain fort doux
& de couleur verdâtre , ou noirâtre , ou
brunâtre. Il s'en trouve en Languedoc,
en Auvergne ; la Lorraine fournit ordinairement les meilleures ; celles d'Angleterre , qui sont noires , ne sont pas mauvaises ; mais elles ne valent pas les vertes de la Lorraine. Un Prêtre voyageur,
en apporta de très bonnes , qu'il assura
avoir prises sur le Mont-Vésuve , disant
même qu'il s'étoit exposé au danger de
périr ; je pense qu'il dit vrai. D'ailleurs

ces pierres étoient calcinées d'un côté, ce qui formoit une espece d'écorce toute cendreuse, & le milieu étoit verd. Il seroit à souhaiter qu'on en cherchât sur ce Mont, sauf le danger de courir les risques de se blesser ou de perdre la vie; car je n'ai jamais vu ni éprouvé de si excellentes pierres, d'un grain égal partout, sans veines ni clous, ce qui vient certainement de la préparation naturelle du rocher enflammé.

On ne connoît, pour l'ordinaire, la bonté de ces sortes de pierres (j'excepte celles dont je viens de parler) qu'à l'essai ; on peut seulement examiner si elle a le grain doux, si les pores sont serrés & unis, si elle n'a pas des especes de clous durs comme de petits cailloux ; pour être bonne il faut qu'elle soit tendre au point que la pointe d'une épingle y morde un peu, mais difficilement ; elle doit être égale en dureté par-tout, ce que l'on peut sentir en passant un tranchant de couteau le long de la pierre, par ce moyen on connoît si elle n'a pas de durillons, ni des endroits plus tendres les uns que les autres. La couleur doit être égale & sans marbrure.

Quand cette sorte de pierre est bonne , elle peut servir de seconde pierre à lancette, parce qu'elle emporte les dents qu'a fait la premiere pierre , & prépare le tranchant à recevoir les coups de la derniere , comme nous l'expliquerons plus au long dans le Chapitre suivant. Cette même pierre est excellente pour les tranchans de la seconde espece [13] qui sont les Lilothomes Chirurgicaux , & pour ceux de la quatrieme espece , qui sont les canifs , les coupe-cors , les petits couteaux de faiseurs de velours & des brodeurs.

Pour préparer cette pierre & la mettre en état de bien affiler , si elle se trouvoit raboteuse , ou qu'il s'y rencontrât quelque inégalité longue à unir , il faut la frotter sur une pierre de taille avec du sablon à sec ; excepté cela la pierre de

---

[13] La premiere espece de tranchant est la lancette & les instrumens qui servent à l'opération de la cataracte ; le rasoir n'est que la troisieme espece , parce que sa douceur n'égale pas à beaucoup pres celle que doivent avoir le bistouri & le lilothome.

ponce à l'eau claire la dreſſe très-bien ;
enſuite il faut la frotter avec un morceau
de pierre à raſoir auſſi à l'eau claire ; cette
préparation ainſi faite il la faut oindre
d'huile d'olive & la laiſſer un peu imbiber pendant l'eſpace d'une heure & de-
mie , deux heures.

La quatrieme eſpece de pierre eſt celle
à raſoir ; nous en avons emplement traité
dans le premier Chapitre , & c'eſt ce qui
nous diſpenſe d'en parler ici. Je dirai
ſeulement en paſſant , que ſi l'on n'a-
voit point de pierre de la troiſieme eſpece , qui eſt verte , on pourroit la remplacer par celle-ci , pourvu qu'elle ſoit
d'un grain fin , & plutôt dure que tendre.

La cinquieme eſpece de pierre eſt auſſi
rare à trouver excellente , qu'eſſentielle
au genre humain. Ce ſont des cailloux
verdâtres , communément nuancés , &
veinés de couleurs & même ſouvent
bleues ; il s'en rencontre quelquefois ſur
le bord des rivieres ; mais rarement elles ſont parfaites ſi elles ne ſont d'un beau
verd. Il en vient de bonnes de l'Eſpagne,
mais les meilleures ſe trouvent dans le

pays d'Aunis , la ville de la Rochelle en
eſt preſqu'entiérement pavée ; lorſqu'il
fait un orage , & que le pavé ſe trouve
lavé , on en diſtingue de bonnes , c'eſt-
à-dire , on voit celles qui ſont d'un beau
verd , & ſur leſquelles on n'apperçoit
point de petits trous , ou des points de
couleur étrangere au corps de la pierre ;
pour en être plus ſûr , on l'eprouve au
tact ou au frottement ; à cet effet , il
faut être muni d'une bonne lame de couteau bien dure , & même une lame de
raſoir , appliquer le tranchant ſur ce caillou , & racler un peu bruſquement , ſon-
der avec la pointe du raſoir , pour ſen-
tir s'il n'y a pas de grains durs ou de
moux qui empéchent que le tranchant
ne gliſſe deſſus toujours uniment , également & avec la même douceur dans
tous les endroits du caillou ; ſi la pierre
eſt telle qu'on vient de le dire , elle eſt
bonne ; car il faut qu'elle ſoit d'une dureté tellement égale , que le raſoir , tel
dur qu'il ſoit , ait de la peine à mordre
deſſus ; il faut néanmoins qu'il y morde,
mais très-difficilement.

Ce n'eſt pas tout de la juger bonne
d'après

d'après ces épreuves , néanmoins c'est
poffible ; mais il y a encore bien des
difficultés pour la mettre en état de bien
affiler ; malgré fa dureté , il faut lui faire
une face plane & la rendre légere à la
main ; le feul moyen connu jufqu'à pré-
fent eft d'enchâffer ce caillou dans du
plâtre , & de le fcier de la même façon
qu'on fcie le marbre , c'eft-à-dire , avec
une fcie fans dents , & à force d'eau &
de fable fin ou du grais pilé.

Lorfqu'elle eft fciée en deux , prenez
un bon morceau de pierre de ponce celle qui aura les pores les plus fins , &
frottez-en la pierre ; à force d'eau & de
patience vous parviendrez à la bien unir.
Il ne faut lui laiffer aucune inégalité ,
pas même un léger trait de fcie : afin
qu'elle foit polie , prenez un morceau
de pierre à rafoir un peu dure , mais
non graveleufe , & à force d'eau , frottez-en le caillou en longueur , légérement & long-tems ; par ce moyen elle
fera très-polie , & les traits de la pierre
de ponce feront emportés. C'eft avec
autant de foins & de travaux que cet ouvrage exige , que l'on peut fe procurer

G

une bonne pierre à lancette. Il ne faut pas manquer de l'enchâsser dans de bon bois de chéne ou de noyer bien juste ; mais il n'est point nécessaire d'en recommander le soin, il suffit de l'avoir cherchée, travaillée & appropriée soi - même, pour porter toute son attention à son entretien & à sa conservation.

La propriété de cette pierre ne s'étend pas bien loin, quant au nombre des instrumens susceptibles de sa vertu ; mais elle n'est pas moins précieuse. Elle n'est indispensable que pour les lancettes & pour les instrumens propres à faire l'opération de la cataracte, soit par abaissement, soit par l'extraction du crustallin, parce que tous ces instrumens ne doivent point différer de la lancette, quant à la bonté de l'acier, à la régularité de la trempe, à l'indispensable nécessité de sa pointe aiguë, & à la parfaite douceur de ses tranchans ; afin d'éviter dans cette opération délicate, le tiraillement des nerfs, des fibres, & de toutes les parties voisines qui se trouvent toujours irritées, quand le tranchant coupe rudement, d'où il s'ensuit infailliblement une inflammation forcée, qui nuit toujours à la prompte guérison.

Tout instrument qui a pointe aiguë, doit être affilé sur cette pierre, c'est-à-dire, les lancettes à abcès, le dard du pharingotome, qui sert à percer les abcès dans la gorge, les trois quarts, pour les ponctions, soit au périnée, soit pour les hydropisies, pour l'hydrocelle & pour la bronchotomie.

Sachant que quelques Chirurgiens s'occupent eux-mêmes à l'affilage de leurs lancettes, soit par goût, soit par l'éloignement des Couteliers-Lancetiers ; je ne négligerai rien pour donner exactement tous les principes & toutes les instructions nécessaires pour qu'ils puissent s'y perfectionner ; je les prie seulement de se persuader que l'apprentissage en est fort long, & demande une application toute particuliere, & un exercice toujours raisonné.

Je ne crois pas en cela faire de peine à ceux de mes Confreres, qui possédent même des talens supérieurs, pour faire de bonnes lancettes, & qui connoissent également les principes de l'affilage, &

qui font éclairés fur le choix des bonnes pierres. Je les crois aufli bons citoyens que moi , & les bons citoyens n'ont point de fecret dont ils ne doivent faire part.

D'ailleurs, le nombre des Couteliers qui ignorent l'art de la lancette , eft beaucoup plus grand que le nombre de ceux qui le poffédent, car c'eft tout au plus (en exceptant ceux de Paris) fi l'on trouve fix Maîtres , fur cent, qui s'appliquent à cet art. Par conféquent, fi je ne fuis pas utile à ceux qui en ont l'art, au moins le ferai-je à ceux qui ne le poffédent pas ; car je puis dire avec certitude , que la crainte de ne pas pouvoir trouver des pierres vertes , les fait renoncer au defir d'apprendre cet art, parce qu'ils ignorent jufqu'au lieu où l'on peut en trouver ; mais comme je n'ai rien négligé pour l'indication des lieux & la recherche de ces bonnes pierres , j'efpére qu'ils fe livreront plus fûrement à en faire la recherche , & qu'ils s'occuperont de cet art fi utile à l'humanité.

CHAPITRE IX.

Principes généraux pour affiler toute sorte d'instrumens & outils tranchans.

Tout l'art de l'affilage consiste à emporter le morfil que la meule, ou le grais ont levé ou fait en formant le tranchant ; en portant ce morfil, qu'il est essentiel de ne pas laisser, il faut former à chaque côté du tranchant de l'instrument, un petit biseau vif, régulier, aussi large & aussi fort d'un côté que de l'autre, & égal tout le long du tranchant ; on parvient à ce degré de justesse si nécessaire, en réglant la légéreté de la main, en appuyant pas plus d'un côté que de l'autre, & de façon que tous les coups de pierre qu'on donne, soient réguliérement appliqués d'égale force & légéreté.

Pour mieux faire sentir tous les principes & les points de l'affilage, prenons tous les tranchans les uns après les autres , commençons par les plus forts pour parvenir par degrés jusqu'aux plus fins , & indiquons l'espece de pierre convenable à chaque instrument ; c'est , je pense , le meilleur moyen pour apprendre facilement.

Le tailleur de pierre n'a volontiers besoin que d'un grais avec de l'eau , pour affûter son marteau & son ciseau ; cependant lorsqu'il travaille de la pierre dure , la pierre à faux , qui est la premiere espece , peut lui bien convenir pour emporter les grosses dents que fait le grais , & en substituer de plus fines, sur-tout quand le grais dont il se sert est un peu tendre ; par ce moyen, la coupe ne seroit pas si rude , & fatigueroit beaucoup moins l'ouvrier. Voici donc la méthode d'affûter le marteau & le ciseau, lorsqu'ils ne coupent plus , appliquez le tranchant sur un bon grais , ni trop dur ni trop tendre , & bien uni ; ne posez sur la pierre que le bord du tranchant du marteau ou du ciseau , & que l'autre extrémité , soit élevée de son niveau , du tiers de la longueur de l'instrument ; dans cette position , allez &

venez en frottant, comme fi vous vouliez racler le grais avec le tranchant,
appuyant plus en allant qu'en venant, &
formez de chaque côté un bifeau bien
vif, en confervant toujours la même pofition, & ayant attention de donner les
derniers coups bien plus légérement que
les autres. Ragréez enfuite, avec la pierre de la premiere efpece, le tranchant,
en lui donnant quelques coups de chaque côté, pour emporter ce gros morfil, & faire des dents plus fines.

Les Sculpteurs Marbriers fe fervent
pour la plupart, d'une pierre grife à
l'eau, pour affûter leurs gouges & leurs
cifeaux ; mais la pierre du Levant dure
& à l'huile (de la feconde efpece) eft
bien préférable, parce que le tranchant
en feroit plus vif, mordroit beaucoup
mieux fur le marbre, enleveroit plus net
les morceaux, & avec bien moins de
peine.

La maniere d'affûter [13] tous les outils propres à tailler, couper & fculpter

---

[13] L'action de faire le tranchant à un
outil fur un grais ftable, eft *affûter*.

le marbre, la pierre & le plâtre, demande les mêmes pofitions du marteau & du cifeau du tailleur de pierre ; cependant il faut faire attention que fi le cifeau eft véritablement un cifeau à face plane, & de l'autre côté un bifeau vif, il faut toujours tenir le bifeau fur le grais, & n'y point paffer le côté plane. Lorfque l'on vient à la pierre à l'huile, fi l'on donne douze coups fur le côté du bifeau, il n'en faut donner que deux fur le côté plane, mais très à plat, & fort légérement, & fur-tout que le dernier coup foit toujours donné fur le bifeau.

Pour affûter les gouges, il faut une pierre qui ait un côté arrondi, pour entrer dans la cavité ; comme la face ronde de la gouge eft la même que la face plane du cifeau, il ne faut donner que deux légers coups fur la face ronde, en fuivant fa direction cylindrique, & faire tout le tranchant du côté de la face cave ; il faut auffi à cet outil que le dernier coup de pierre foit donné du côté cave. On reconnoît fi ces outils font affûtés & affilés, lorfqu'ils raclent l'ongle du pouce vivement & avec douceur.

Les outils de Tonneliers, Charrons, Charpentiers, Menuifiers, Layetiers, Boffeliers, Vanniers, demandent la même méthode pour l'affûtage & l'affilage des haches, planes, rabots, cifeaux, fermois, bec-d'âne, befaigue, &c. il doivent tous avoir un tranchant robufte. Etant tous faits en cifeau, [c'eft-à-dire qu'un des côtés eft en bifeau, & l'autre eft plane] ils s'affûtent fur un grais, comme les outils de Tailleurs de pierre, & des Sculpteurs Marbriers.

Plufieurs Maîtres ont une meule montée fur un arbre pofé fur une auge faite exprès en bois ou en pierre; cette invention eft très-bonne pour faire un tranchant promptement, parce que l'aiguifement [14] de la meule va plus vîte

---

[14] On nomme *aiguifer* l'action de la meule fur un outil, & l'action de la poliffoire fe nomme *polir*; mais pour exprimer ces deux actions exécutées fur un outil ou inftrument, on dit *repaffer*. Néanmoins, en terme de l'art, pour exprimer un bon Ouvrier, nous difons; c'eft *un bon* ou un *grand Emouleur*; il eft à remarquer qu'en cela le terme de la meule prévaut fur celui de la poliffoire, parce qu'un

que l'affûtage avec le grais ; mais l'apprentiffage de la meule eft plus long que
celui du grais. Pour parvenir promptement à la fcience de la meule, il faut
chercher un point d'appui aux coudes,
ou faire porter l'autre extrêmité de l'outil fur quelque chofe de folide, comme fur l'auge même, fi l'outil eft fuffi-

---

grand Emouleur ne peut pas être mauvais
poliffeur, & que le coup de la main n'en dif-
fére en rien. Prefque tous ceux qui mon-
tent des meules (excepté les Couteliers) font
le trou à la meule avec un cifeau & un marteau. Souvent la meule caffe en faifant le trou
de cette façon, & quand elle ne fe caffe pas
dans le même moment, il s'y fait des ruptu-
res intérieurement qui les font caffer en tournant, d'où il arrive quelquefois des accidens
funeftes. Voici donc la meilleure méthode :
la figure 7 de la feconde Planche, repréfente
un outil d'acier fait en piramide, de trois ou
quatre lignes d'épaiffeur, dix-huit lignes de
large en bas, & terminant en pointe de deux
dents, le tout fept à huit pouces de long. On
met ce gros bout dans un étau bien droit ;
& après avoir marqué le trou au milieu avec
une efpece de foret, on pofe la meule fur
ces deux dents, que l'on fait tourner comme
fur un pivot ; elle fe perce facilement, promptement, & fans courir aucun rifque.

famment long; finon, il faut placer un morceau de bois à diftance raifonnable, pour pouvoir pofer l'inftrument deffus, parce qu'il faut que tout le tranchant foit fait bien vivement du côté du bifeau, car s'il eft en demi-rond ou tremblant, il ne coupera jamais bien. En fecond lieu, il faut que la meule trempe toujours dans l'eau, car il ne faudroit qu'un feul coup donné à fec, pour détremper l'inftrument, & le rendre abfolument mauvais.

En troifieme lieu, il faut que la meule tourne toujours rondement, foit qu'elle aille par le moyen du pied ou de la manivelle par un fecond garçon. Les fecouffes font chanceler la main de l'Emouleur, ce qui fait changer la pofition; alors le bifeau eft fait en tremblant ou en demi-rond, au lieu qu'il doit être bien vif. Ce n'eft donc qu'en obfervant tous ces principes qu'on peut bien aiguifer.

Enfin quand le bifeau eft vif, que le tranchant eft bien droit, que les breches font emportées, qu'on s'apperçoit qu'il y a du morfil de levé, bien égal &

tourné du côté plane , alors l'outil eſt bien ; il ne s'agit plus que d'abattre ce morfil avec la pierre du Levant à l'huile , [ſeconde eſpece] de la maniere indiquée pour le Sculpteur en marbre, en pierre &c. Il faut ſur-tout, comme je l'ai déjà dit, que le dernier coup de pierre ſoit donné ſur le côté du biſeau, ſans quoi le tranchant gliſſeroit ſur la matiere au lieu de mordre facilement, & ſans être obligé de lever la main plus qu'il ne faut, ce qui fait que l'ouvrier n'eſt plus maître de retenir ſon coup, & qu'il fait entrer l'outil trop avant dans la matiere ; ſur-tout dans le bois : c'eſt en outre une double fatigue pour la main qui tient le ciſeau.

Les inſtrumens de Jardinier exigent chacun des inſtructions différentes : pour les ciſailles à ébarber ou tondre les ifs, les buis, il faut prendre la pierre de la premiere eſpece à l'eau, la placer à travers le biſeau du tranchant, lever un peu la main qui tient la pierre, pour ne pas faire le biſeau ſi court, & donner des coups de la longueur de la pierre ſur toute la longueur du tranchant, juſqu'à ce que

l'on fente fous le pouce un peu de morfil en dedans de la lame ; j'entends par
le dedans des lames les deux faces qui
fe frottent enfemble ; alors on donne deux
ou trois coups bien légers, & a plat
fur le dedans des lames, & l'on finit par
donner le dernier coup fur le bifeau.

Quant à l'échenilloir, aux ferpes &
à tout autre inftrument à gros tranchant,
il faut la même pierre à fec, fi elle eft
bonne, & à l'eau fi elle eft dure ou tendre [15] ; prenez l'outil de la main gauche, appuyez-le par le dos fur quelque
chofe pour être plus fûr du coup, &
pour ne pas vous bleffer : appliquez la
pierre fur le tranchant, de forte que le
dos ne porte pas fur la pierre, mais qu'il
en foit à la diftance du quart de la largeur de l'outil ; tenez-vous ferme dans

---

[15] Il paroît ici de la contradiction, cependant l'expérience nous apprend que l'eau
qui dilate les pores de la pierre dure, rend la
tendre meilleure, en en rempliffant les pores
d'une efpeçe de maftic compofé des parties
qui s'enlevent de la pierre, & qui fe lient avec
l'eau ; en conféquence la pierre fe trouve moins
raboteufe, mais plus unie, & meilleure pour
affiler.

cette position, & promenez la pierre le long du tranchant, comme si vous vouliez racler la pierre avec le tranchant, & ayez attention de donner autant de coup d'un côté que de l'autre, jusqu'à ce que vous sentiez le tranchant mordre, en raclant un peu l'ongle du pouce.

Les faux, les faucilles & tout autre instrument à peu près semblable, s'affilent de même avec la pierre de la premiere espece; mais généralement quand ces sortes d'outils ont été affilés plusieurs fois, le tranchant se trouve arrondi & trop gros pour pouvoir se dispenser de le faire repasser sur la meule.

La serpette & le greffoir s'affilent aussi sur la même pierre; mais pour le faire adroitement, au lieu de faire marcher la pierre sur le tranchant, c'est au contraire le tranchant qu'il faut faire marcher sur la pierre. Pour cet effet, il faut prendre la serpette de la main [16] droi-

---

[16] Je suppose toujours un droitier, ainsi un gaucher peut suivre son habitude, en faisant faire à la gauche ce que je prescris pour la droite, & par conséquent faire observer à la droite, ce que je prescris pour la gauche.

te, la pierre avec la main gauchè, &
faire porter le tranchant feul fur la pierre, ayant foin que le dos en foit toujours diftant du quart de la largeur de
la lame, & en un mot, obferver tout ce
que j'ai prefcrit ci-deſſus pour les ferpes,
les échantillons, & autres femblables
inftrumens.

Si un Jardinier eft curieux que fes
inftrumens coupent bien, je lui confeil-
le de fe fervir de la pierre du Levant
[feconde efpece] & à l'huile, fur-tout
pour le greffoir & les petites ferpettes à
efpalier, la coupe en feroit beaucoup
plus franche, plus vive, & bien moins
fatigante.

Tous les couteaux, foit de table, de
poche, de cuifine, tranche-lards; couteaux d'office & autres, demandent la
même méthode & les mêmes indications
que pour le greffoir; il faut principalement obferver la même élévation du dos
[17] fur la pierre, & labourer avec le

---

[17] Je répéte fouvent, parce que ce principe eft fi effentiel, que fans cette jufteffe &
cette précaution, on ne feroit rien de bien
fur tel inftrument que ce fût. En effet, qu'on

tranchant, le faisant toujours marcher devant comme si l'on vouloit racler la pierre avec le tranchant de l'instrument. La pierre grise [premiere espece] est bonne pour toutes sortes de couteaux, comme pour le greffoir; mais la pierre du Levant [seconde espece] & à l'huile est bien meilleure. Enfin pour s'assurer si le couteau qu'on a passé sur l'une de ces deux pierres, coupe bien, on peut choisir un endroit dans la main où il y ait quelque petit durillon, & y couper avec ce couteau un peu de peau : mais, au reste, s'il racle l'ongle avec douceur & vivacité, il est bien repassé.

On peut regarder le fusil comme une espece de pierre à repasser les couteaux, ou proprement dit *donner le fil* ; mais il ne convient essentiellement qu'aux

cou-

---

examine le rasoir, il est épais du dos, & ce n'est qu'à ce dessein qu'on le fait tel, sans quoi les meilleurs maîtres de l'art auroient peine à le bien affiler, au lieu que ce dos qui est fort, fixe par sa force l'élévation du quart de la largeur de l'instrument ; ce qui est le juste degré que je recommande.

couteaux de Bouchers & de Cuisiniers. On s'en sert souvent pour les couteaux de poche & de table ; mais les pierres de Liege & du Levant sont préférables pour ces derniers , parce qu'ils coupent plus doux , je ne prétends pas pour cela en interdire l'usage , je dis seulement que les pierres sont meilleures que le fusil [18].

---

[18] L'usage de la faïance & de la porcelaine est très-nuisible au tranchant des couteaux , parce que le vernis qui couvre la surface des assiettes , est plus dur que l'acier trempé & recuit ; c'est pourquoi lorsque l'on donne le coup de couteau pour couper la viande sur l'assiete , on peut remarquer qu'aussi-tôt que le tranchant touche le vernis de l'assiette , sa vivacité est tout d'un coup émoussée par leur frottement mutuel. Mais beaucoup de personnes n'ont pas encore fait cette réflexion , & en rejettent la cause sur le couteau & sur son auteur , se plaignant qu'il faut toujours avoir le fusil à la main pour les affiler. On dira peut-être pourquoi est-ce que l'on donne du recuit à l'acier , puisque ce recuit lui ôte la dureté qui lui seroit nécessaire pour résister au vernis ? Je réponds à cela qu'un acier sans recuit s'ébreche & se casse aussi facilement que du verre , ce qui seroit par conséquent un fort mauvais instrument & très-

Le fufil à repaffer les couteaux n'eft autre chofe qu'un inftrument fait avec du pur & bon acier [c'eft-à-dire] trempé dans toute fa force & fans recuit; cette qualité le rend plus dur qu'un couteau qui a toujours du récuit. Le couteau étant donc moins dur que le fufil, & ayant le tranchant arondi par le long fervice, il eft certain que le fufil racle la rondeur qui eft de trop fur le tranchant du couteau, & le fait par conféquent mieux couper.

La vertu du fufil fur le couteau eft de lever un petit morfil fur la fuperficie du tranchant, mais plus robufte que celui qui s'y trouve lorfqu'il vient d'être repaffé fur la meule, ce qui rend ce couteau comme une efpece de fcie propre à couper le chair morte [19].

---

funefte, fi on fait réflexion que les morceaux qui fe caffent, en fe féparant de la lame, reftent dans la viande que l'on coupe; quel effet peuvent produire ces morceaux d'acier, fi par malheur on les avale, fi ce n'eft celui de bleffer l'eftomach, de déchirer les inteftins, & de nourrir long-tems une maladie incurable, parce que la caufe en eft inconnue?

[19] Il faut remarquer que la chair mor-

Plusieurs personnes font usage de cet instrument pour repasser leurs couteaux, sans néanmoins en tirer tout l'avantage possible, d'où il resulte assez souvent qu'elles coupent & gâtent le tranchant au lieu de le former. Pour prévenir ce défaut, il est très-nécessaire de suivre la méthode que nous avons indiquée pour la pierre, & observer ce que nous allons prescrire de particulier pour le fusil. Il faut appliquer le tranchant du couteau sur la carre du fusil, de sorte qu'ils fassent la croix, & que le dos du couteau, [comme sur la pierre] en soit élevé du quart de la largeur de la lame. Dans cette position, il faut commencer par le bas du couteau, près du manche, & traîner le coup bien légérement le long du tranchant jusqu'à la pointe; ensuite, placer l'autre côté du couteau en dessous du fusil, toujours sur la carre, & traîner aussi le coup jusqu'à

___

te est flasque, & qu'elle s'affaisse sous un tranchant trop doux, parce que les dents sont trop fines : c'est pourquoi les Bouchers & les Cuisiniers trouvent un prompt secours dans l'usage du fusil.

H 2

la pointe de la lame ; il faut répéter cette manœuvre quatre ou cinq fois de chaque côté, & avoir soin de donner les derniers coups très-légérement. On fait des fusils de plusieurs especes, au gré des personnes qui en demandent, c'est-à-dire, à huit, à six ou à quatre carres ; on en fait même aussi des ronds, taillés en grosses dents, qu'on fait avec la carre d'une lime ou d'une rape, ceux-ci font les vrais fusils des bouchers. Entre ces différentes sortes de fusils, la meilleure est celle à quatre carres ; par la raison que lorsqu'ils ont travaillé longtems, on a la facilité de les faire sur la meule, comme un couteau, pour leur renouveller les carres usées ; par ce moyen ils font neufs autant de fois qu'on le desire ; & en outre, leur opération est beaucoup plus prompte, puisque quatre coups d'un fusil à quatre carres, valent mieux que dix coups des autres sortes de fusils.

Il faut avoir attention d'aller bien plus légérement sur les fusils à quatre carres que sur les autres ; en voici la raison, qui est toute simple. Plus on

fait de pans fur un cylindre, plus les
carres qui féparent les pans fe trouvent
courtes, & moins les angles font aigus,
moins ils ont de vivacité tranchante, &
par conféquent moins ils mangent, moins
leur action eft prompte. Ainfi un fufil
à quatre carres eft plus diligent dans
fon opération, & exige plus de légéreté dans la main, & en conféquence eft
préférable à toutes les autres efpeces.

Les Parcheminiers, les Corroyeurs,
&c. pour les lunettes & tous les autres
inftrumens tranchans, propres à parer
le cuir, fe fervent d'un fufil de forme
ronde, bien poli & fans aucun trait,
qui eft plus-tôt un bruniffoir qu'un fufil. L'expérience leur a appris qu'un car-
ré faifoit des dents trop fortes au tranchant, & déchiroit la peau ou le par-
chemin, au lieu de rafer les parties fu-
perflues & inutiles aux peaux. Comme
ces lunettes ont un tranchant un peu
fin, & à peu près comme celui du canif,
l'emploi du fufil fait en bruniffoir, n'eft
pas dans l'intention de lever un morfil,
mais de renverfer le fil ou les dents du
tranchant, d'un feul & même côté.

Comme ces outils travaillent toujours du même côté, le frottement se trouve sans cesse dans la même position ; par conséquent, le tranchant se trouve fatigué d'un seul côté, s'arrondit & s'use, c'est-à-dire, sa superficie aiguë se renverse : alors le brunissoir bien dur & bien poli, appliqué sur le côté contraire à celui qui frotte sur le cuir, force les dents à se retourner de l'autre sens, & fait reprendre au tranchant sa vigueur ; mais il faut aussi que les coups de brunissoir soient donnés bien légérement, c'est-à-dire, qu'il ne faut pas plus appuyer dans un endroit que dans un autre, car la réussite dépend absolument de la régularité du poids de la main.

La méthode pour affûter & remettre en état de servir avec succès tous les outils des Tourneurs en bois, en os, en ivoire, en écaille, & sur tous les métaux, en or, en argent, en cuivre, en étain, &c. est absolument la même que pour les outils des Sculpteurs & Menuisiers ; ils s'affûtent sur un grès, ou s'aiguisent sur une meule à l'eau, sur l'un & l'autre ; ensuite il faut se servir d'une

pierre du Levant à l'huile [de la seconde
espece] pour emporter les grosses dents
faites par la meule ou par le grès, en
donnant plusieurs coups sur le biseau,
& deux coups fort légers sur la face plane, mais le dernier doit toujours être
donné sur le côté du biseau.

Il faut suivre aussi cette même méthode pour les outils des Cizeleurs en fer,
en cuivre, en argent, en or, enfin de
tous les métaux, pour tous les cizelets,
gouges, &c. & même pour tous les
outils de graveurs, tels que les burins,
échopes, &c. Quand les pointes de ces
instrumens sont cassées, on les répare
entiérement du côté du biseau sur le grès
ou sur la meule, en leur faisant un biseau bien vif. Le biseau du burin est ap-
pellé par plusieurs Artistes *facette* ; il faut
avoir attention de ne point toucher sur
les faces plates ni sur la vivacité de la
carre qui doit travailler ; car, plus cette carre est vive & fine, plus les coups
de burins sont fins & profonds. Lorsque la pointe du burin est faite sur le
grès, il faut nécessairement en emporter les traits sur la pierre du Levant [de

la seconde espece] à l'huile , appliquant le biseau ou la facette sur la pierre bien à plat , & labourer ou frotter cette facette le long de la pierre sans changer la direction ; il faut avoir seulement attention d'appuyer un peu plus en allant qu'en venant , parce que la pointe du burin , de l'échope ou du cizelet , est le tranchant de l'outil ; c'est par cette raison que l'on doit toujours faire marcher la pointe devant , afin qu'elle ne se termine pas en morfil , parce qu'au moindre coup appliqué sur la matiere , elle tomberoit de façon qu'elle ne seroit jamais franche , mais toujours émoussée.

Toutes les différentes sortes de ciseaux s'affilent comme les cisailles de Jardiniers ; je ne crois cependant pas inutile de rappeller ces principes : Prenez la branche de la lame qu'il faut affiler , dans la main gauche , de façon que les ciseaux se trouvent ouverts en croix , prenez ensuite de la main droite la pierre à l'huile [de la seconde espece] ou une pierre de Liége à sec [de la premiere espece] ; appliquz la pierre sur le biseau du tranchant ; en la couchant un peu , pour

ne pas faire le tranchant trop court,
& frottez la pierre fur toute la longueur
du tranchant, à plufieurs reprifes, jufqu'à ce que l'on fente, avec le pouce,
un peu de morfil fur le tranchant, en
dedans des lames ; on entend par le dedans des lames, la face où fe trouve la
marque du Coutelier, ou les deux faces
qui fe frottent enfemble pour couper.
Lorfque l'on fent un peu de morfil, il
faut donner à plat un léger coup de
pierre fur le dedans des lames, & toujours donner le dernier coup de pierre
fur le bifeau du tranchant, & les cifeaux
couperont bien [20].

---

[20] Les cifeaux qui fervent à faire les opérations fur le corps humain font à diftinguer
de tous les autres. L'action de couper avec
les cifeaux, eft de hacher par le frottement
des deux lames; mais il eft très-poffible d'é-
viter cette action de hacher, nuifible au fuccès des opérations; c'eft pourquoi plufieurs
Profeffeurs, comme M. Petit, M. Louis & plufieurs autres célébres Démonftrateurs, recom-
mandent de fe fervir d'un biftouri pour l'o-
pération du bec de lievre; mais fi tous les
Couteliers étoient inftruits, ils feroient toùs
les cifeaux à incifion avec un tranchant fem-

Il faut suivre la même méthode, & se servir des mêmes pierres pour tous les ciseaux, soit à crins, à cheveux, soit des Lingeres, Couturieres, Marchands, Cordonniers, Tailleurs, Peaussiers, Gantiers, & généralement toutes sortes de ciseaux quelconques.

Pour affiler facilement les forces des Gantiers & des Bouchers, il faut nécessairement démonter une branche avec un tournevis, & suivre la méthode indiquée pour les ciseaux; & pour les petites forces de Taffetassiers qui sont d'une seule piece, & qui par conséquent ne peuvent pas se démonter, on les presse avec la main pour faire obéir leur ressort, pendant qu'on les attache avec un petit cordon pour jouir de toute l'é-

---

blable à un canif à tailler les plumes, tels que ceux dont se sert avec succès, M. L***, & par conséquent auxquels ils n'y auroit point de biseau sur le tranchant; alors les ciseaux ne broncheroient point, mais au contraire couperoient très-bien, & l'on feroit adroitement les opérations du bec de lievre, le Paraphimosis, & la section de la cornée transparente; mais aussi de tels ciseaux vaudroient douze francs piece.

tendue de fon élafticité ; alors les tranchans font une faillie fuffifante pour
appliquer le coup de pierre fur le bifeau
& fur le dedans des lames.

La plupart des Cordonniers fe fervent
indifféremment de la premiere pierre
qu'ils trouvent pour affiler leurs tran-
chets ; plufieurs fe fervent d'un fufil ou
d'un pavé ; d'autres prennent une mauvaife forme de bois, & frottent le tranchant deffus comme fur un fufil : toutes
ces matieres font contre l'ordre de leurs
ouvrages : & n'affilent que très-impar-
faitement. Pour faire un bon tranchant
propre à couper le cuir, il faut une pierre du Levant de couleur blonde, & à
l'huile [de la feconde efpece] trois ou
quatre coups donnés adroitement de chaque côté fur cette pierre, fuffifent pour
affiler ces fortes d'outils en fuivant
la méthode prefcrite pour repaffer les
couteaux, & faifant attention que le dernier coup de pierre foit donné du côté
de la cavité du tranchet, pour renverfer les dents du tranchant du côté du
frottement ; avec de tels outils les ouvrages en feroient plus parfaits, parce

que la coupe feroit bien plus vive, plus unie, & plus prompte ; & le poli feroit non-feulement plus facile, mais encore plus diligemment fait.

Après avoir paffé en revue tous les outils tranchans de prefque tous les arts & métiers, nous arrivons enfin aux plus délicats & aux plus précieux, c'eft-à-dire, aux biftouris des Chirurgiens, aux Lithotomes, aux couteaux à amputation, aux lances, aux aiguilles de la cataracte, enfin à la lancette.

Prenons un biftouri qui ait déja fait plufieurs opérations, & dont le tranchant n'a plus cette vivacité aiguë, & fuppofons qu'on n'ait pas le tems de le faire repaffer fur la meule pour lui rendre fa bonté, il faut fe fervir de la pierre verte (quatrieme efpece) ; fi celle-ci manque, on peut y fuppléer par la pierre à rafoir (troifieme efpece) un peu dur ; il faut effuyer la pierre & verfer deffus quelques gouttes d'huile d'olive bien propre, & en couvrir la pierre avec le doigt. Tenez cette pierre ferme dans la main gauche, prenez le biftouri de la main droite [en fuppofant

toujours un droitier] & faites en forte
que le bout inférieur du manche fe trouve
dans la main , le pouce appuyé fur le clou
du côté droit , & le doigt index faifant
parallele fur le clou du côté gauche , &
ayez les trois autres doigts fur le reftant
du manche ou châffe.

Appliquez le tranchant du biftouri
fur le bout de la pierre , en croix , de
façon que le dos de l'inftrument , comme nous l'avons déja dit plufieurs fois ,
ne porte point fur la pierre , mais qu'il
en foit élevé du quart de la largeur de
la lame ; faites marchez le tranchant toujours devant , en traînant le long de la
pierre (fans varier la pofition de l'élévation depuis le bas du biftouri jufqu'à la
pointe) de maniere qu'ayant commencé
le coup à un bout de la pierre , la pointe de l'inftrument vienne terminer le
coup à l'autre bout.

Enfuite d'un tour de poignet , tour-
nez le biftouri pour appliquer l'autre côté fur la pierre , & agiffez comme il eft
dit ci-deffus. En répétant cette manœuvre cinq ou fix fois de chaque côté ,
l'inftrument doit bien couper.

Il faut aussi avoir attention de ne pas donner à l'instrument plus de coups de pierre qu'il n'en a besoin, parce que le tranchant couperoit bien moins, étant trop grossi ; & pour s'assurer qu'il coupera bien sur la chair humaine, il faut l'essayer sur la premiere peau de la main sans choisir de durillons, mais les endroits où la peau est fine ; & s'il la coupe en douceur, il est au degré nécessaire. Il faut aussi le passer sur l'ongle comme un rasoir, pour être certain qu'il n'a pas de morfil ; & s'il coupe aussi net la peau, après l'avoir passé sur l'ongle comme il la coupoit auparavant, on est très-assuré qu'il n'a point de morfil.

Cette méthode s'étend sur tous les instrumens tranchans chirurgicaux qui ont un dos en entier ou en partie, savoir, les lithotomes, les couteaux inter-osseux, les couteaux courbes, les bistouris droits & courbes. Il est à remarquer que pour les instrumens qui ont un tranchant concave ou courbe, il faut que la pierre soit arrondie par les carres, & que le milieu soit un peu en dos d'âne, pour pouvoir entrer dans la cavité.

Cette même méthode s'étend aussi
fur les fcalpels à difféquer, foit à dos,
foit à lance ou à lancette; mais pour
ces fortes d'inftrumens, il faut fe fervir
de la pierre du Levant, blonde [feconde efpece] & à l'huile, parce que fi le
tranchant d'un fcalpel eft doux, la chair
morte s'affaiffe, & a beaucoup plus de
peine à fe couper ; au lieu qu'un tranchant un peu rude entre mieux, parce qu'il eft facilité par des dents plus
robuftes. La pierre à rafoir [troifieme
efpece ; peut remplacer fans inconvénient
la pierre du Levant ; mais lorfqu'il ne
s'agit que du choix, celle du Levant,
blonde, eft préférable.

Tous les biftouris cachés, Lithotomes,
&c. qui font adaptés à des corps faifant
partie des inftrumens, les gorgerets pour
la taille de M. le Cat, le lithotome de
M. Louis pour la taille des femmes, le
biftouri gaftrique de M. Moreau, le biftouri à hernies de Meffieurs Bienaifé, &
enfin tous les inftrumens compofés de
plufieurs parties, celle qui eft tranchante
veut être démontée & féparée des autres
parties pour pouvoir les affiler ; fans cette

précaution on n'en viendroit pas à bout.

Les coupe-cors, les canifs à tailler les plumes, les petits couteaux dont se servent ceux qui font le velours, les especes de canifs ou petits couteaux en usage chez les graveurs en bois, & chez tous ceux qui font ces différens petits ouvrages pour les foires, qu'on appelle bijoux d'Allemagne, & ces figures sculptées en bois, en os, en ivoire, &c.

Pour parvenir à bien affiler ces sortes d'outils tranchans, il faut suivre les mêmes principes du bistouri, donner de pareils coups de pierre, & les passer sur l'ongle pour voir s'ils raclent bien ; la pierre du Levant, blonde & tendre [de la seconde espece] est excellente.

Toute la science d'affiler une lancette en la passant sur la pierre, consiste, comme dans tous les autres instrumens, à former un biseau bien vif de chaque côté du tranchant, en sorte qu'il ne soit pas plus fort ni plus large d'un côté que de l'autre, mais au contraire bien régulier. Pour y parvenir il faut nécessairement régler la main pour chaque coup de pierre, afin de ne pas appuyer plus fort

d'un

d'un côté que de l'autre, & pour aller toujours d'une égale légéreté.

Supposons donc qu'une lancette soit bien repassée sur le tour, qu'il y ait du morfil, & qu'il soit nécessaire de l'affiler entiérement. Prenez la pierre du Levant, tendre, blonde & bien douce [seconde espece] dans la main gauche, la lancette de la main droite ; ayez soin que le pouce soit placé sur le clou, & que l'extrêmité du pouce aille jusqu'à la marque du fer de la lancette, & que le doigt index prenne la même position en dessous ; alors les trois autres doigts soutiennent le reste de la châsse, dont l'extrêmité inférieure touche le creux de la main. Quoiqu'il soit nécessaire de la tenir avec fermeté, il faut avoir néanmoins la jouissance de la tourner facilement dans la main, pour affiler les quatre faces de tranchant.

Ensuite appliquez en croix la lancette sur la pierre, de façon que le tranchant seul y porte, & que l'autre côté de tranchant en soit toujours élevé du quart de la largeur de la lancette ; cette remarque est de la derniere conséquen-

I

ce. Dans cette pofition, traînez la lancette d'un bout de la pierre à l'autre, faifant toujours marcher devant, le tranchant qui pofe fur la pierre; la pointe étant arrivée près du bord, & au bout de la pierre, faites tourner la lancette dans vos doigts, & mettez l'autre côté du tranchant dans la même pofition pour y donner un femblable coup; & après l'avoir donné, appliquez l'autre côté du tranchant fur la pierre, & d'un revers de main donnez le troifieme coup; faites encore tourner la lancette dans vos doigts pour donner à revers de main le quatrieme coup, qui eft la derniere face du tranchant.

Cette pierre du Levant (feconde efpece) eft celle qui mange le plus; par conféquent il faut affiler bien légérement; trois ou quatre coups fur chaque face doivent fuffire, tant pour faire tomber le morfil, que pour régler la pointe, parce qu'un tranchant trop groffi ne peut jamais entrer avec douceur; mais fuppofons qu'elle foit bien repaffée; prenez alors la feconde pierre, (quatrieme efpece) qui eft beaucoup plus douce,

& fervez-vous-en comme de la premiere en prenant les mêmes pofitions, & fuivant le même bifeau.

Cette pierre emporte les groffes dents qu'à faites la premiere, elle en fait auffi par elle-même, mais beaucoup plus fines, qu'il faut néceffairement emporter fur une troifieme & derniere pierre.

Il faut remarquer que la premiere n'exige que trois ou quatre coups fur chaque face de tranchant, & que la feconde en exige fept ou huit (21).

Prenez enfin la troifieme pierre qui eft celle de la cinquieme efpece ; c'eft ce caillou rare que j'ai indiqué, dont les pores font fi ferrés & fi unis, qu'ils ne laiffent au tranchant aucune dent, vifible au microfcope ; ce qui produit la

---

(21) La diftance de la premiere pierre du Levant, tendre, à la troifieme verte & dure, feroit trop confidérable pour fe difpenfer de la feconde, parce que la troifieme ne mange pas affez pour emporter parfaitement les traits & les dents que fait la premiere pierre ; par conféquent une feconde pierre qui eft plus dure que la premiere, & plus tendre que la troifieme, devient non-feulement effentielle, mais même indifpenfable.

grande douceur de la lancette ; cependant elle mange suffifamment pour emporter les dents qu'a faites la feconde, qui eft la quatrieme efpece. Les coups de pierre fe donnent précifément comme avec la premiere & la feconde pierre ; elle exige autant de coups elle feule que les deux autres enfemble ; c'eft-à-dire que la premiere en demande trois ou quatre, la feconde fept ou huit, & la troifieme dix ou douze fur chaque face de tranchant. Remarquez auffi que fur les trois pierres, les derniers coups doivent être donnés plus légérement que les premiers. Il s'agit actuellement de s'affurer fi la lancette eft en état. Effuyez-la & portez-la entre vos levres par le bout de la châffe. Prenez du canepin [22] & tenez un bout entre le pouce & l'index, faites paffer l'autre bout entre le doigt annulaire & celui

---

(22) Ce canepin n'eft autre chofe que la premiere peau préparée ou l'épiderme d'un chevreuil. Il ne faut pas omettre de l'examiner au tranfparent, pour s'affurer s'il n'y a point quelque endroit double ; c'eft ce qu'il faut néceffairement éviter.

du milieu, & tenez-le très-ferme, écartez l'index de celui du milieu. Ce canepin s'étend comme la peau d'un tambour : prenez la lancette que vous tenez entre vos levres ; mettez le pouce fur le clou, l'index faifant parallele de l'autre côté ; appuyez le petit doigt fur la main qui tient le canepin, afin de fervir de point d'appui ; c'eft une fûreté néceffaire pour préfenter la pointe au canepin, parce que le moindre tremblement la feroit émouffer, & c'eft par cette raifon qu'il faut approcher lentement & fans fecouffes. Étant bien fûr dans les pofitions ci-deffus prefcrites, approchez la pointe bien perpendiculairement fur le canepin, examinez fi elle entre fans réfiftance, fans même faire fléchir le canepin.

Quoiqu'elle entre parfaitement bien du premier coup, préfentez-la toujours deux ou trois fois ; il faut enfuite effayer le tranchant ; pour cet effet dirigez la main qui tient le canepin en forme de pupitre, & tenez la lancette en ligne directe ; plongez-la dans le canepin d'environ quatre ou cinq lignes de long, & en la retirant fciez le canepin ; elle doit entrer & couper avec tant de douceur qu'il ne faut point qu'on entende aucun craquement: le canepin doit être coupé net & sans aucun déchirement.

Il est très-nécessaire, comme nous venons de le dire, d'essayer trois fois la pointe sur le canepin ; en voici la raison : les apprentifs Affileurs, craignent de gâter la pointe de la lancette en la passant sur la pierre, ne vont pas précisément jusqu'à la pointe ; cette crainte est très-préjudiciable, parce que la pointe se trouve étranglée à un quart de ligne de sa superficie ; alors cette pointe forme une petite perle très-visible à la loupe ; de sorte que cette pointe perlée plie quelquefois au second coup sur le canepin, & se casse enfin au troisieme ; ce qui prouve qu'elle est mal affilée.

Cependant, il arrive malheureusement aussi quelquefois que cette mauvaise pointe résiste au canepin ; c'est un très-grand malheur, car elle ne résiste jamais au bras ; & il n'y a peut-être point de Chirurgiens à qui il ne soit arrivé de trouver bonne une lancette en l'essayant sur le canepin, & avec laquelle il n'a pu

faire de faignées, par la réfiftance tota-
le qu'oppofe la chair humaine, & qui
provient de cette pointe perlée, qui pour
peu que la main du Chirurgien balance, ou que le coup ne foit pas dirigé
en ligne directe ou perpendiculaire, la
perle caffe, fi la lancette eft bonne, &
fi l'acier eft un peu mou, la perle le
plie ; ainfi de toute façon l'opération eft
manquée.

Il arrive quelquefois qu'un Phléboto-
mifte craignant d'épouvanter le malade,
ou le faire languir, ne change pas d'inftrument, franchit le coup, plonge bruf-
quement, & fait fon opération avec
douleur : il eft vrai que la pointe de la
lancette caffe & entre ordinairement dans
le vaiffeau ; mais communément il n'y
a rien à craindre de ce corps étranger,
parce qu'en retirant l'inftrument de la
ponction, la perle eft chaffée par le fang
avec autant de vivacité qu'elle eft entrée.
Ce méchanifme naturel exempte bien
des perfonnes des mauvaifes fuites qui
pourroient réfulter de ces pointes mal
faites. Je ne répondrois pas cependant
que ce méchanifme réufliffe, ou qu'il ait

toujours réuffi heureufement , car on voit tous les jours dans le monde beaucoup d'accidens dont on ignore la caufe.

Un Chirurgien qui veut repaffer fes lancettes fur la pierre , feulement pour entretenir la douceur de la pointe & celle du tranchant, n'a pas befoin de celle du Levant , qui eft la premiere ; les deux dernieres lui fuffifent ; en voici la raifon : quand une lancette fort de chez le Coutelier (en fuppofant le Coutelier bon lancettier) la pointe eft réglée & le morfil en eft ôté. Ce n'eft donc que pour rafraîchir la pointe & le tranchant arrondis par la quantité de faignées , que le Chirurgien peut entreprendre d'affiler un tel inftrument.

D'ailleurs pour faire , fur la pierre, la pointe à une lancette émouffée , il faut avoir une main de Maître & une connoiffance profonde, qu'on ne peut acquérir que par un long exercice. Il faut encore pouvoir juger fi la pointe & les tranchans font affez fins pour fupporter la quantité des coups de pierre néceffaires pour faire l'un & l'autre , & pour

leur donner un degré de perfection qui
leur est indispensable.

J'ajoute encore qu'une lancette n'est
pas en état de supporter autant de coups
de pierre que l'on se l'imagine ; car la
pointe & les tranchans étant trop grossis
sur la pierre , l'instrument opére toujours
avec douleur ; ainsi , quelque bien repassée que soit une lancette sur le tour ,
elle ne peut essuyer que deux ou trois
repassages de pierre ; parce que pour rendre la vivacité à la pointe & aux tranchans usés par le frottement de l'opération ou de l'action de saigner , il faut les
grossir sur la pierre pour former une nouvelle pointe accompagnée de son double
tranchant ; cette opération ne s'effectue
qu'en usant sur la pierre le bord du tranchant, ce qui fait que la lancette se ra-
courcit & se rétrécit, & que ses bords
en se rapprochant du centre , trouvent
trop d'épaisseur ; ce qui est absolument
contraire à la parfaite douceur qu'exige
une bonne lancette.

Les instrumens servant à faire l'opération de la cataracte , exigent les mêmes soins que l'on a prescrits ci-dessus

pour les lancettes ; ce font auffi les mêmes pofitions & les mêmes manœuvres
pour les repaffer fur les pierres ; parce
qu'il faut qu'ils aient tous (de telle méthode que ce puiffe être) la même pointe & le même tranchant que la lancette ;
on doit auffi par conféquent les effuyer
fur le canepin , & les faire parvenir au
degré néceffaire pour y entrer avec la
même douceur, à tous égards , que la
lancette.

Tous les inftrumens fervant à faire des
ponctions , & qui ont des pointes femblables à des lancettes , exigent auffi les
mêmes foins ; comme par exemple , le
pharingotome pour percer un abcès dans
la gorge, le kiftitome pour couper la
membrane criftalline , la lancette à abcès , les trois quarts &c. Tous ces inftrumens doivent être démontés de leurs
cafes ou canules pour les affiler avec facilité. Pour une entiere perfection dans
les opérations , les épingles à bec de liévre , & les aiguilles à future , doivent
avoir la même pointe des lancettes , &
par conféquent elles doivent être affilées
de même.

CHAPITRE X.

Observation sur la saignée, dont il résulte un moyen sûr pour prévenir certains dangers qui proviennent quelquefois de cette opération, en faisant voir qu'elle importance il y a d'avoir chacun ses lancettes, tant sur terre que sur mer.

L'OPÉRATION la plus exercée en Chirurgie, & le remede le plus souvent administré est, à n'en point douter la saignée; c'est aussi, quoiqu'en dise l'Auteur du Conservateur du Sang Humain, & le livre intitulé *de la Santé*, le remede le plus efficace de tous, celui qui opére le plus promptement sur les maladies, c'est enfin le plus universellement recommandé par les Médecins; c'est donc une opération des plus précieuses à l'humanité, & qui mérite une attention particuliere. Cette réflexion est des plus importantes, & ne doit pas surprendre qu'elle se trouve faite par un Artiste appliqué depuis long-tems à chercher tous les moyens propres à perfectionner un Art qui peut être aussi utile à celui de guérir.

Tout être qui a la faculté de penser doit dire librement son sentiment pour la cause commune, sur - tout lorsqu'il croit avoir trouvé le moyen d'être utile à ses Concitoyens. J'userai donc de cette liberté en proposant à tous les hommes d'avoir en propre des lancettes, afin qu'elles ne servent qu'à eux seuls; par ce moyen fort simble par lui - même, personne ne risquera de gagner quelqu'incommodité ou quelque maladie étrangere à son sang & à sa bonne constitution. Sans entrer dans un long détail sur cette matiere, il est aisé de sentir combien par cette voie on peut altérer son tempérament.

Une lancette qui a plongé dans un sang, ou vicieux par lui-même, ou gâté par plusieurs causes, peut causer de grandes incommodités à une personne saine, à qui l'on plongera cet instrument ; parce que quelque portion du virus, quel qu'il soit, peut s'attacher à l'instrument, malgré la propreté du Chirurgien , attendu que le sang séjourne toujours sur la lancette pendant tout le tems que dure la saignée.

Mon raisonnement est appuyé sur la physique même ; elle nous apprend que tous les corps sont un composé de corpuscules , qui joints & unis ensemble n'en forment qu'un seul , & cette union est assez prouvée par l'inspection même des pores que l'on trouve sur les corps les plus durs & les plus unis.

L'acier , ce précieux métal , n'est pas de structure différente des autres corps ; c'est un composé de globules ; il a ses pores , ils sont visibles en plusieurs circonstances , soit quand il est chauffé , bouillant , soit lorsqu'on le trempe à son degré de chaleur , dans une eau bien claire , soit quand la rouille a commencé à le décomposer , & on les voit au microscope.

Etant convaincus que l'acier a des pores , nous devons le regarder comme un corps , sur la surface duquel il y a une infinité de petits trous suffisamment ouverts pour recevoir & conserver quelques

globules de fang de la premiere faignée,
dont on fuppofe le fujet vicieux

Par ce fimple expofé il eft aifé de conclure qu'une lancette deftinée à ouvrir
les vaiffeaux, en plongeant dans la maffe
d'un fang mauvais, eft réellement fuf-
ceptible de recevoir dans fes pores une
fuffifante portion de globules vicieux,
pour pouvoir communiquer quelque ma-
lignité, en plongeant dans une autre
maffe de fang qui n'a aucun virus dan-
gereux, & dont le fujet eft fain.

Je fais que dans un fiecle auffi fertile
en écrits que celui où nous vivons, mon
obfervation ne manquera pas de critiques ;
mais je demande qu'il me foit permis
de faire feulement une queftion à mes
contradicteurs.

Vous dont le tempérament a fu op-
pofer un rempart inacceffible aux atta-
ques cruelles du fléau le plus commun
de nos jours, vous dont la bonne con-
duite & une vraie fageffe, a garanti des
fuites funeftes d'une vie déréglée ; per-
mettriez-vous de bonne foi qu'une lancette avec laquelle on vient de faigner
une perfonne attaquée de quelque mau-

vaife maladie , vous fervît immédiate-
ment après la premiere opération ?

Vous me répondrez peut - être que
vous y confentiriez , pourvu que vous
foyez affuré que la lancette a été lavée
& bien effuyée après l'autre opération ;
permettez-moi de vous expofer le danger de votre fauffe fécurité , même après
ces précautions.

Le plus vigilant Chirurgien n'eft pas
toujours le maître de fa promptitude &
de fon exacte propreté , pour effuyer fa
lancette auffi-tôt qu'il le faudroit ; il eft
obligé d'attendre au moins qu'il ait panfé
la faignée ; n'arrive-t-il pas encore fouvent que la perfonne fe trouve mal ,
d'autres à qui le fang vient fi difficilement que l'on eft très-long-tems à en
tirer une fuffifante portion ? Enfin , dans
combien de cas le fang ne refte-t-il pas
trop long-tems , malgré la fageffe du
Chirurgien qu'on trouveroit certainement condamnable, fi , dans de femblables circonftances , il préféroit de laver
& effuyer la lancette , à donner du fe-
cours à fon malade ? C'eft donc malgré
lui , que le fang féche prefque fur l'inf-

trument, s'infinue dans les pores, & lui procure une faleté capable de nuire à d'autres. Et la preuve évidente que le mauvais fang s'infinue dans les pores de l'acier, eft que quand une perfonne faignée a eu un long évanouiffement, qui n'a pas permis au Chirurgien de laver fa lancette affez-tôt, le fang s'y attache pour lors fi vifiblement, qu'il n'eft plus poffible de l'ôter fans repaffer la lancette fur la meule.

Si on ne veut pas convenir que les accidens de gagner le mal par la lancette arrivent fréquemment, au moins l'on ne peut nier la poffibilité de la communication de quelque maladie ou malpropreté ; car la pratique de l'inoculation de la petite vérole fuffit pour prouver ce que j'avance.

Cependant il eft très-facile de fe préferver de ce danger : c'eft d'avoir chacun fes lancettes, & ne point permettre qu'elles fervent à d'autres perfonnes : car il ne feroit pas poffible d'exiger d'un Chirurgien d'avoir une lancette pour chacun des malades qui ont befoin de faignées ;

gnées ; combien ne lui en faudroit - il
pas ? & comment les reconnoîtroit - il ?
Il faudroit auſſi qu'il en eût toujours ſur
lui des neuves pour les nouveaux malades. Il eſt donc bien plus ſimple , bien
plus convenable & bien plus ſûr d'avoir
chacun ſes lancettes.

Un pere de famille peut aiſément avoir
chez lui un étui de quatre ou ſix lancettes , parce qu'il faut les prendre de
différentes formes , afin de ſe conformer
aux uſages & aux méthodes de chaque
Chirurgien ; ſuppoſons par exemple que
l'on en faſſe faire quatre , il en faut deux
à grain d'orge & deux à grain d'avoine ,
ce ſont les termes de l'Art.

Pour un parfait aſſortiment il en faut
ſix ; c'eſt-à-dire , deux à grain d'orge ,
deux piramidales , & deux à grain d'a-
voine : les piramidales tiennent le milieu
entre les deux autres eſpeces. Avec ces
trois formes de lancettes, pas un Phlé-
botaniſte ne refuſera de faire une ſai-
gnée , parce que toutes les méthodes de
ſaigner ſont renfermées dans ces trois
formes de lancettes & que chacun peut

choisir à son gré celle qui lui convient le mieux [23].

Il faut aussi avoir soin de tenir toujours du canepin dans l'étui, afin que chaque Chirurgien puisse essayer la lancette à chaque saignée, pour assurer si elle va bien.

Je porte encore plus loin ma réflexion ; chaque vaisseau embarque les ouvriers nécessaires pour réparer les dommages qu'il souffre dans son trajet ; l'on y voit tous ouvriers très - utiles, des Charpentiers, des Forgerons, des Ferblantiers, des Arquebusiers &c. mais on n'y voit jamais des Couteliers ; qu'on me permette donc de faire sentir la conséquence de cette réflexion.

Chaque Chirurgien de vaisseau emporte avec lui trois ou quatre étuis garnis de lancettes, & souvent au bout de quinze jours de mer toutes ces lancettes se trouvent rouillées, des maladies surviennent aux gens de l'équipage, il faut saigner, il est bien à présumer que les Chi-

---

[23] Voyez les F g. 5. 6. 7. de la seconde Planche.

rurgiens font obligés d'opérer avec leurs inftrumens , tels qu'ils les ont , dont les pointes & les tranchans font mangés par la rouille.

En fecond lieu , le vaiffeau faifant un long voyage , après quinze ou dix-huit mois de traverfée , il arrive dans une Isle dépourvue de Coutelier , & fur-tout lancettiers & faifeurs d'inftrumens de Chirurgie ; comment donc faire en cette circonftance ? n'eft-on pas obligé de faire fervir des inftrumens qui font , non-feulement fatigués par le fervice , mais encore tous mangés de rouille ?

Examinons en troifieme lieu , que ces mêmes inftrumens fervent à tous les gens du vaiffeau ; Capitaine , Officiers , Soldats , Matelots &c. font tous opérés avec les mêmes biftouris , les mêmes rafoirs, les mêmes lancettes &c. Un Matelot fe touvant fatigué par la forte manœuvre, & à qui il furvient une petite fievre , un mal de tête ; une demi - journée de repos & une faignée devroit le guérir ; on le faigne auffi , mais avec une mauvaife lancette , & qui , peut-être , a dé-

jà saigné un ou plusieurs scorbutiques ?
cet homme doit-il être guéri ?

Et quand, après un combat sanglant,
il se trouve deux ou trois cens blessés,
combien d'opérations n'a - t - on pas à
faire ? Ce moment est fort critique, si
l'on se représente qu'un bistouri ne peut
faire qu'une, ou tout au plus deux opérations ; parce que le tranchant ayant
touché à l'os, il est émoussé ; d'un autre côté, la sonde crénelée émousse la
pointe.

Que s'ensuit-il delà, sinon que l'on
voit tous les jours de nouveaux malades,
les maladies deviennent contagieuses, le
scorbut ravage tout le corps, les hommes meurent, & toute la Patrie en souffre. Il est évident, d'après ce que je
viens de dire, qu'un Coutelier est d'une
grande utilité dans un vaisseau. Ne croi-
roit-on pas faire un meurtre d'envoyer
un vaisseau de huit ou neuf cens hommes d'équipages, sans aucun Chirurgien ?
Ce seroit certainement envoyer des hommes au hazard ; & qu'est-ce qu'un Chirurgien sans l'art du Coutelier ? Il ne

peut exercer que la Médecine , & non
les opérations de Chirurgie.

Je dis avec connoiſſance de cauſe ,
qu'un Coutelier dans un vaiſſeau , quand
même il n'auroit que le talent de bien
repaſſer une lancette , un biſtouri , un
raſoir , un couteau courbe , & généralement tous les inſtrumens tranchans qui
ſont indiſpenſables , & dérouiller ceux
qui n'ont point de tranchant , ſoit ſon-
de , trépan , ſcie , &c. racheteroit la vie
à un tiers de malheureux qui meurent,
pour ainſi dire , par force ; ou tout au
moins, ſi l'on croit que j'exagere , doit-
on convenir qu'il épargneroit beaucoup
de maladies.

Il ne faut pas penſer que mon obſer-
vation devienne diſpendieuſe & expoſe
à une plus forte dépenſe ſur un vaiſſeau,
car , au contraire , ce but tend plutôt
à l'œconomie ; parce qu'un Chirurgien
au lieu de deux douzaines de lancettes,
une douzaine lui ſuffiroient ; ainſi & à
proportion des autres inſtrumens. Bien
plus , il eſt à remarquer qu'une caiſſe
d'inſtrumens ne fait jamais plus d'une
campagne , encore la fait-elle mal , puiſ-

qu'au retour , la rouille a fi fort péné-
tré , que toute la caiſſe n'eſt plus propre à ſervir , & n'eſt vendue que pour
de vieilles ferrailles. Il eſt aiſé de juger
qu'un Coutelier qui ſeroit occupé de l'entretien de ces inſtrumens , feroit en ſorte
qu'une caiſſe , au lieu d'une campagne,
en feroit trois ou quatre. Mais en même tems , pour profiter de tous ces avantages , & n'embarquer qu'un Ouvrier capable de remplir cette place , il ſeroit à
propos de s'en aſſurer ; un Maitre dans
une ville du Royaume , ſavant homme
& connoiſſeur , qui nommeroit avec
choix un Inſpecteur Coutelier dans chaque Port de mer , lequel ſeroit chargé
de faire travailler le compagnon , lui faire faire le chef-d'œuvre convenable , &
ne l'agréger dans le vaiſſeau , qu'après
le certificat de l'Inſpecteur ; par ce moyen
auſſi facile que raiſonnable , on s'aſſure-
roit de la capacité de l'Ouvrier.

F I N.

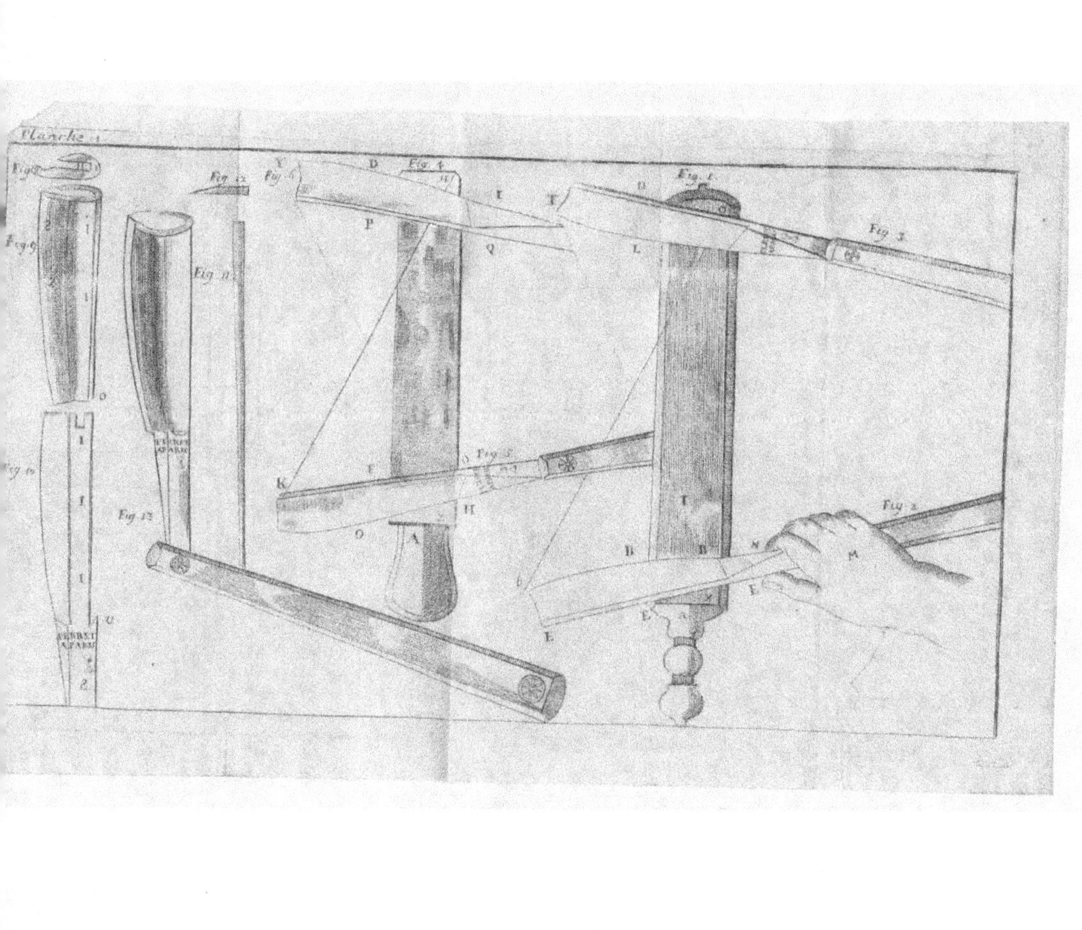

Planche 1.
Fig. 12.
Fig. 11.
Fig. 13.
Fig. 5.
Fig. 4.
Fig. 6.
Fig. 3.
Fig. 5.
Fig. 2.

Planche 2.
Fig. 5
Fig. 6
Fig. 7
Fig. 4
Fig. 3
Fig. 8
Fig. 1
Fig. 2

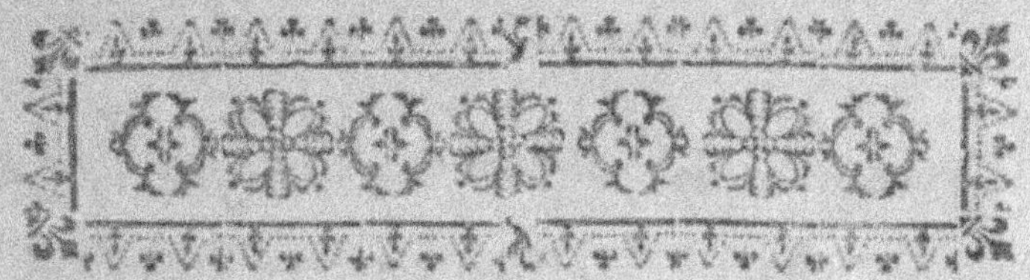

TABLE
DES MATIERES.

K 4

Fin de la Table.

APPROBATION.

Permis d'imprimer la *Pogonotomie*, ou *l'Art d'apprendre à se raser soi-même &c.* A Yverdon le 20 Fevrier 1770.

PILLICHODY Chatelain de Baulmes,

Censeur.